Essential Text Power Electronics

エッセンシャルテキスト

パワーエレクトロニクス

石川赴夫 著

森北出版

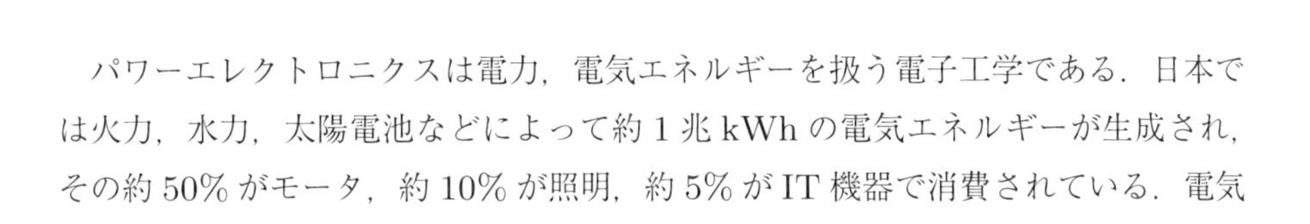

はじめに

パワーエレクトロニクスは電力，電気エネルギーを扱う電子工学である．日本では火力，水力，太陽電池などによって約 1 兆 kWh の電気エネルギーが生成され，その約 50% がモータ，約 10% が照明，約 5% が IT 機器で消費されている．電気エネルギーをこれらさまざまな用途に使うために，電力を変換，制御する重要な技術がパワーエレクトロニクスである．

本書は，主に大学や高等専門学校の学生を対象とした半期 2 単位分のテキストである．著者は，大学においてパワーエレクトロニクスの講義を長年行ってきたが，最先端の技術を扱うには基礎を理解することが必要不可欠であると実感してきた．本書は，講義で使用してきた教材をもとに，基本となる部分を取捨選択してまとめたものである．とくに以下の点に留意して執筆した．

- パワーエレクトロニクスでは，半導体素子のオン，オフによって電流の流れる回路が異なる．それがわかるように，回路構成と電圧，電流波形を対応させて説明している．
- インダクタやキャパシタの基本的な性質を用いて，回路動作の本質を理解できるようにしている．
- DC-DC 変換については回路動作を説明するだけでなく，インダクタの配置位置により降圧形，昇圧形，昇降圧形の回路が構成されるという説明により，3 方式の基本的な違いを理解できるようにしている．
- 各章をほぼ講義 1 回に対応させている．そして章末問題を解くことにより，講義 1 回ごとに理解を確かめながら進めることができるようにしている．

上述の点に留意しながら執筆したつもりだが，説明不足な点や独善的な点もあるのではないかと考えている．読者の皆様からご意見いただければ幸いである．

終わりに，図面の作成などにご協力をいただいた群馬大学の戸谷育恵氏に謝意を表す．また，本書の企画から出版にあたりお世話になった森北出版の福島崇史氏ほか，関係各位に感謝する．

2023 年 9 月　　石川赴夫

目　次

1 パワーエレクトロニクスとは

コンピュータや通信などによる高度情報化社会の進展，冷暖房などによる生活水準の向上により，電気の役割はますます大きくなっている．このような現在の社会において，電気のない生活は考えられない．

パワーエレクトロニクスとは，このような電気中心の生活を支える技術である．本章では，まずパワーエレクトロニクスとは何かについて述べ，電力の形態である直流（DC）と交流（AC）の変換について説明する．続いて，身近で使用されているパワーエレクトロニクスの例をいくつか取り上げて説明する．

1.1 パワーエレクトロニクスの基本

パワーエレクトロニクスとは，電力用半導体素子をスイッチとして用いて，電力を変換，制御する技術・学問の分野を指す．

パワーエレクトロニクスは生活のいたるところに顔を出す．たとえば，パソコン（PC）を使用することを考えてみよう．パソコンは，家庭のコンセントと AC アダプタを介して接続することが多い．パソコンなどのほとんどの電子機器は直流（DC，Direct Current）でないと動作できない．しかし，家庭のコンセントには交流（AC，Alternating Current）100 V が供給されている．そのため，交流から適切な直流電圧に変換する機能が必要である．パワーエレクトロニクスの技術を用いた AC アダプタがこれを可能にしている．

また，交流電源には周波数という量がある．これは，電圧，電流が正負に変化するとき，1 秒間に正負の回数が何回あるかを表す量である．交流の周波数や電圧を変える技術もパワーエレクトロニクスである．たとえば，東日本の周波数は 50 Hz で西日本の周波数は 60 Hz であるが，パワーエレクトロニクスの技術を用いることで，東日本の電力が不足した場合，西日本の電力で補うことが可能になる．

このようにパワーエレクトロニクスによる電力変換にはいろいろな形があるが，まとめると以下の 4 種類に分けられる．

- 交流を直流に変換する（AC-DC 変換）
- 交流を異なる電圧，電流あるいは周波数の交流に変換する（AC-AC 変換）
- 直流を異なる電圧，電流の直流に変換する（DC-DC 変換）
- 直流を交流に変換する（DC-AC 変換）

1.2 パワーエレクトロニクス技術の利用例

1.2.1 スマートフォンの充電

スマートフォンは二次電池とよばれる充電可能なリチウムイオン電池で動いている．電池の残量が少なくなると，直流によって充電を行う．一方で家庭用電源は交流である．したがって，交流（AC）電力を直流（DC）電力に変換する必要がある．実際には，AC-DC 変換後に DC-DC 変換を行っている（図 1.1）．

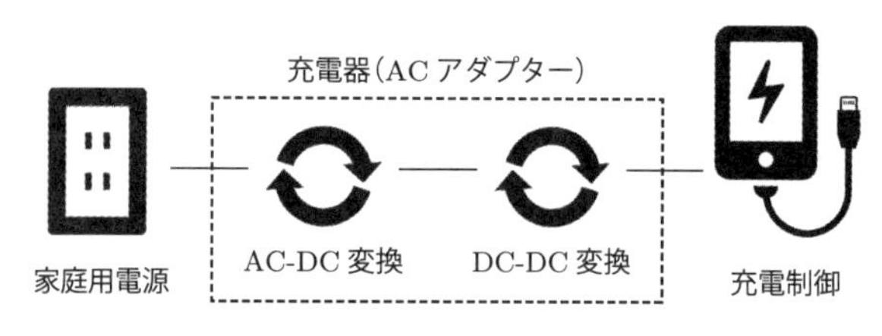

図 1.1　スマートフォンなどの充電の原理

1.2.2 エアコンの室外機

エアコンは水以外の冷媒を利用しており，冷房の場合は，室外機内部にある圧縮機で冷媒を圧縮し，その冷媒を膨張させることによって周囲から熱を奪って低温を得ている．室外機内部にある AC モータの速度を変えることによって温度調整をしており，モータの速度を変えるには，任意の電圧や周波数の交流が必要である．一方で家庭用電源から供給されるのは電圧，周波数が固定の交流である．したがって，交流（AC）電力の変換が必要である．実際には，直流への変換を経由している（図 1.2）．

1.2.3 IH 調理器

IH（Induction Heating）調理器は，天板のすぐ下に配置されたコイルに交流電流を流して，向きの変わる磁界を発生させる．そして磁界の変化によって，天板上

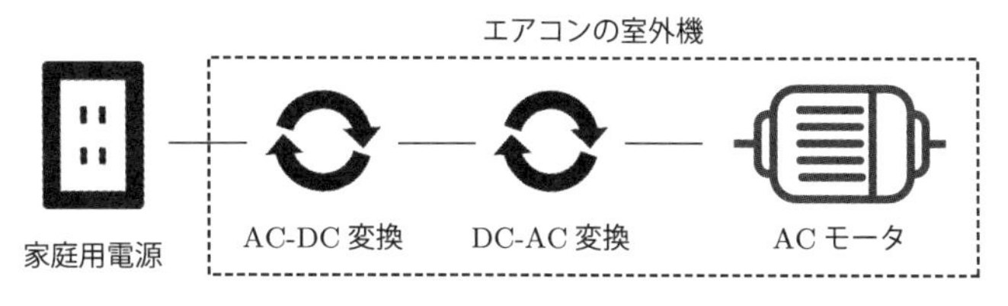

図 1.2　エアコンの室外機の原理

の金属製のなべやフライパンに誘導電流を流してジュール熱を発生させることで，加熱調理できるようになっている．効果的にジュール熱を発生させるには数十 kHz の高周波の交流が必要である．一方で，家庭用電源から供給されるのは 50 Hz あるいは 60 Hz の低周波の交流である．したがって，低周波の交流（AC）電力を高周波の交流（AC）電力に変換する必要がある．実際には，直流への変換を経由している（図 1.3）．

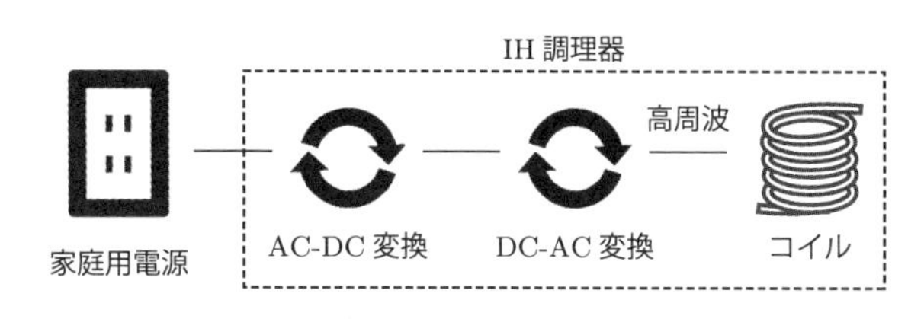

図 1.3　（天板の下にコイルがある）IH 調理器の原理

1.2.4　調光器

調光器は，家庭のリビングルームやホテルの客室などの比較的容量の小さい照明の明るさを調整する装置である．明るさを 2，3 段階ではなく連続的に調整するには，連続的に変わる電圧が必要である．一方で，家庭用電源から供給されるのは電圧が固定の交流である．そこで，商用電源波形の一部を切断して異なる交流電圧を直接出力する方式が使われている．

1.2.5　ドローン，EV，ロボット

ドローンは，電動モータで回転するプロペラが四つ以上ある，コンピュータ制御された小型無人航空機を指す．四つのモータの速度を別々に変えることによって，上昇，下降，前進，回転などの動作を行う．比較的大きなドローンの場合，AC モータが使用されており，モータの速度を変えるには電圧や周波数が可変の交流電源

が必要である．一方で，エネルギー源は直流のバッテリである．したがって，直流（DC）電力を，任意の電圧や周波数の交流（AC）電力に変換する必要がある．

電気自動車，ロボットも同じ駆動方式である．なお，小型のドローンやロボットの場合は，AC モータが，任意の直流電圧を必要とする DC モータに置き換わる．

1.2.6 UPS

無停電電源装置（UPS, Uninterruptible Power Supply）とは，停電などによって電力が遮断されたときに電力を供給し続ける電源装置のことである．日本では，商用交流電源に接続する交流入力，交流出力のものを UPS とよぶことが多い．交流出力の場合，定電圧定周波数の CVCF（Constant Voltage Constant Frequency）とよばれることもある．図 1.4 に示すように，商用電源が正常な場合は，商用電源を AC-DC 変換し，バックアップ用のバッテリを充電すると同時に DC-AC 変換し，負荷に電力を供給する．停電時には，商用電源からの電力の供給が絶たれるので，バックアップ用のバッテリの電気エネルギーを DC-AC 変換することで，負荷に電力を供給する．なお，バッテリが停止したときや DC-AC 変換器に過大電流が流れるときには，スイッチで切り換えて，バイパス回路で電源を供給する．

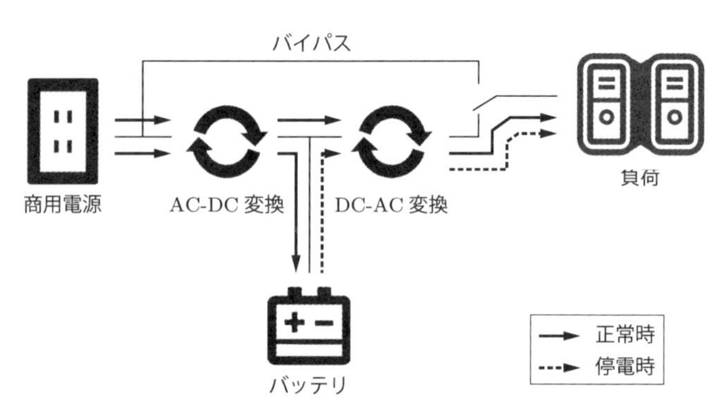

図 1.4　無停電電源の原理

1.2.7 太陽光発電システム

太陽光発電システムは，屋根などに取り付けられた太陽電池から得られた光エネルギーを電力に変換するシステムである．「電池」と表現されるが，電力を蓄える機能はもっていない．太陽光の状況により発電量が異なるため，図 1.5 に示すよう

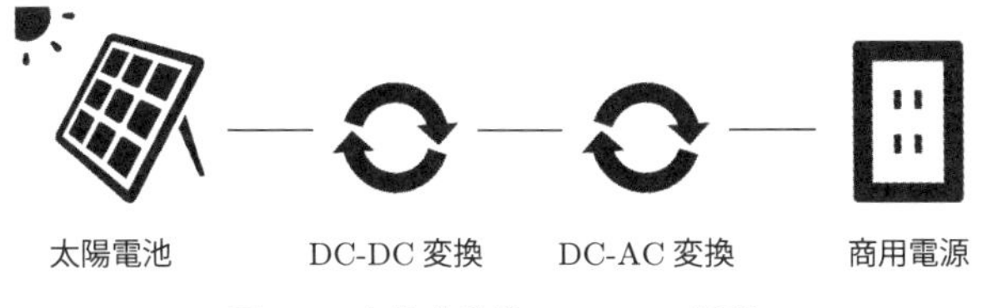

図 1.5　太陽光発電システムの原理

に，太陽電池の直流出力を DC-DC 変換し，安定化してから DC-AC 変換して，商用電源として利用されている．

1.2.8　直流送電

北海道と本州間，四国と本州間では直流送電が行われている．長距離の直流送電は，交流送電と比べて，建設コストが安くかつ送電時の損失が少ない[†1] という特長がある．図 1.6 に，北海道－本州間で行われている送電の仕組みを示す．

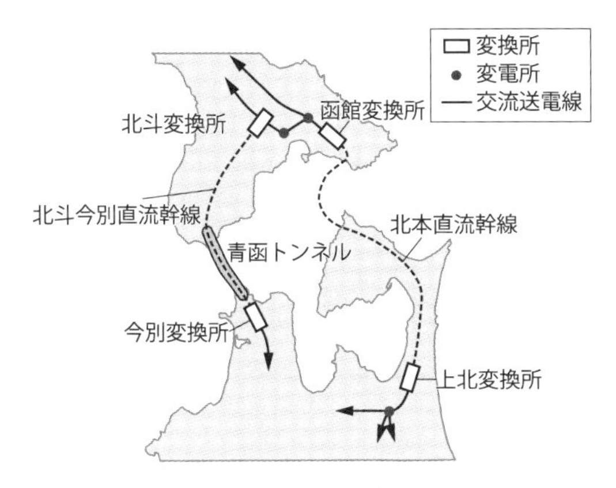

図 1.6　北海道－本州間の直流送電の原理

1.3　パワーエレクトロニクスの制御システム

パワーエレクトロニクスを利用する製品は，一般的に図 1.7 のような構成になっている．電源が家庭用コンセントの交流電源あるいはバッテリの直流電源で，主回路が AC-DC 変換，AC-AC 変換，DC-DC 変換，DC-AC 変換で，負荷が前節で

†1 海水は誘電率が高いために，交流送電では送電線におけるキャパシタによる無効電力が大きくなり，それによるジュール損（交流損失）が発生する．

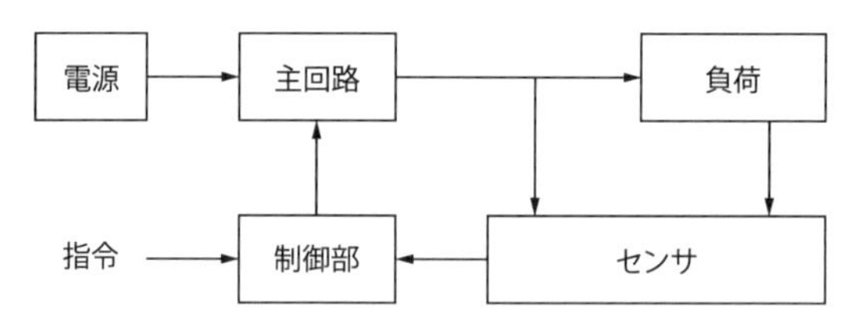

図 1.7　パワーエレクトロニクスを利用する製品の構成例

紹介したエアコンの室外機のモータなどである．主回路は電力用半導体素子で構成されていて，高電圧，大電流を扱える．負荷に適切な交流あるいは直流電力を供給するため，電力用半導体素子に適切なオンあるいはオフ信号を送らなければならないので，制御部が必要になる．現在のパワーエレクトロニクスは，制御部がマイクロプロセッサ（コンピュータの心臓部分）で構成されて複雑なシステムとなっているものも多い．また，電源電圧が変動した場合は，主回路の出力である電圧，電流などの状態に影響が出てしまう．そして，その影響は負荷にも及ぶ．このような影響を考慮して適切な電力を供給するために，負荷や回路の状態をセンサで検出して，その状態に応じてオン，オフ信号を制御する必要がある．

本章のまとめ

- パワーエレクトロニクスとは，電力用半導体素子をスイッチとして用いて，電力を変換，制御する技術・学問である．
- パワーエレクトロニクスは，充電器，エアコン，IH 調理器，調光器，ドローン，電気自動車，ロボット，UPS，太陽電池，直流送電など広範囲で利用されている．
- 適切な電力を出力するために，パワーエレクトロニクスでは一般に制御技術が用いられる．

演習問題

1.1　身近な電気製品について，どのような電力変換が行われているか調べなさい．

1.2　6 極のモータを 600 min^{-1} から 3000 min^{-1} の範囲で可変速運転したい．交流出力電源の周波数範囲を求めなさい．

ヒント：[min^{-1}] は 1 分間の回転数．n [Hz] の電源で駆動する極数 p のモータは，1 秒間に $2n/p$ 回転すると仮定する．

スイッチングによる電力変換

第 1 章で説明したように，パワーエレクトロニクスはある形態の電力を別の形態の電力に変換する技術である．電力変換の方法としてはさまざまなものが考えられるが，パワーエレクトロニクスにおいては，効率の観点から，一般にスイッチングによる方法が用いられている．本章では，理想スイッチとよばれるスイッチを用いて，スイッチングの基本的な仕組みを説明する．

2.1 理想スイッチとは

入力電力 P_{in} [W] を主回路で電力変換して出力電力 P_o [W] を負荷に供給する場合，**効率** η は次式で表せる．

$$\eta = \frac{P_o}{P_{in}} = \frac{P_o}{P_o + P_{loss}} = \frac{P_{in} - P_{loss}}{P_{in}} \tag{2.1}$$

ここで，P_{loss} [W] は主回路での電力損失である．したがって，効率 η を上げるには，電力損失 P_{loss} を小さくしなければならない．パワーエレクトロニクスでは，**スイッチング**作用によって電力変換を行うことで，電力損失の少ない，高効率な電力変換を実現している．

実際のスイッチとしては半導体スイッチが用いられるが，ここでは電力変換の仕組みを理解するために，以下の条件を満たす**理想スイッチ**を考える．

- スイッチがオンのとき，電圧降下が 0 V である
- スイッチがオフのとき，電流が 0 A である
- オン，オフの切り換えに必要な時間（**スイッチング時間**）が 0 s である
- オン，オフを繰り返しても劣化しない
- 小さな信号エネルギーでオン，オフできる

2.2 理想スイッチによる電力変換

スイッチングの原理を最も直接的に利用している電力変換である DC-DC 変換を例に説明しよう．変換回路を**図 2.1** に示す．理想スイッチ SW がオンのとき抵抗 R に電流が流れ，オフのとき電流は流れない．ここで，スイッチがオンしている時間を T_{on}，スイッチがオフしている時間を T_{off} とする．

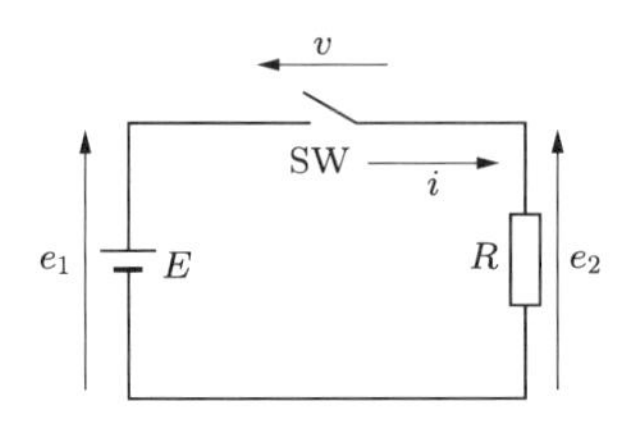

図 2.1　DC-DC 変換の回路例

図 2.2 に入力側の電圧 e_1，出力側の電圧 e_2，電流 i の波形を示す．スイッチがオンのときは電源電圧 E が抵抗 R に加わり，オフのときは電流が流れないため抵抗の電圧は 0 V となる．したがって，出力電圧 e_2 の平均値 E_2 は次式となる．

$$E_2 = \frac{T_{on}}{T_{on} + T_{off}} E \tag{2.2}$$

つまり，スイッチのオン，オフの時間によって出力電圧の平均値を変えることができる．

図 2.2 より，入力電力 P_{in}，出力電力 P_o，効率 η は次式で表される．

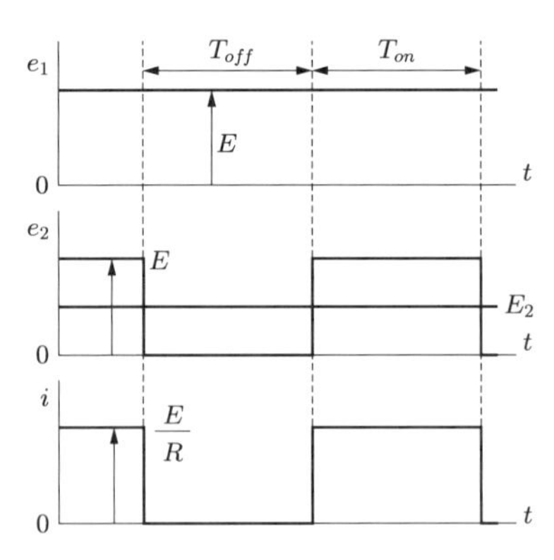

図 2.2　図 2.1 の回路の電圧，電流波形

$$P_{in} = \frac{1}{T_{on} + T_{off}} \int_0^{T_{on}+T_{off}} e_1 i \, dt = \frac{T_{on}}{T_{on} + T_{off}} \frac{E^2}{R} \tag{2.3}$$

$$P_o = \frac{1}{T_{on} + T_{off}} \int_0^{T_{on}+T_{off}} e_2 i \, dt = \frac{T_{on}}{T_{on} + T_{off}} \frac{E^2}{R} \tag{2.4}$$

$$\eta = \frac{P_o}{P_{in}} = 1 \tag{2.5}$$

つまり，理想スイッチによる電力変換を行うことで，入力電圧とは異なる出力電圧が 100% の効率で取り出せる．

回路の効率が 100% になることを確認するために，スイッチでの損失について考えてみる．スイッチの電圧，電流，それらの積である瞬時電力は**図 2.3** のようになる．スイッチがオンしているときは，スイッチには電流が流れるが電圧は 0 V となり，逆にスイッチがオフしているときは，スイッチには電圧がかかっているが電流は 0 A となる．その結果，電圧と電流の積である**瞬時電力**は常に 0 となり，スイッチで消費される電力は 0 W となる．つまりスイッチングによる損失はなく，たしかに 100% の効率で出力電圧が取り出せる．

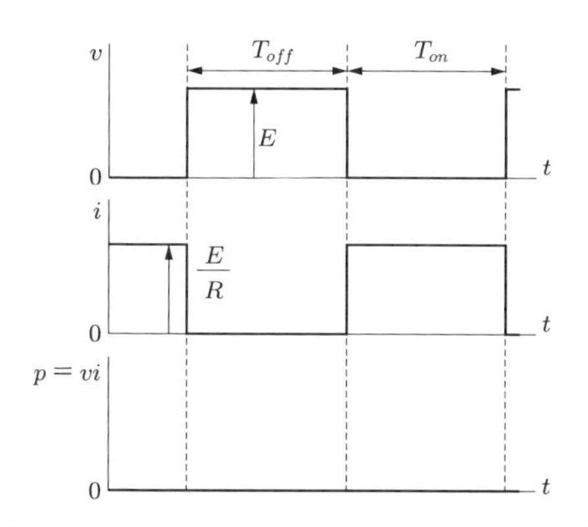

図 2.3　理想スイッチの場合のスイッチの電圧，電流，瞬時電力波形

2.3　その他の電力変換

DC-DC 変換以外にも，以下のような変換がある．これらを応用することで，入力電圧波形の一部をそのまま出力したり，反転して（正と負を入れ換えて）出力したりできる．その結果，一定の直流ではないが直流成分をもった電圧を出力したり，きれいな正弦波ではないが向きの変わる交流電圧を出力したりできる．

2.3.1 AC-DC 変換の原理

図 2.4 に変換回路とその波形を示す．入力電圧はきれいな正弦波の交流である．入力電圧が正のある値のとき，理想スイッチ SW をオンする．そして入力電圧が負になったときスイッチをオフする．この動作を入力電圧の 1 周期ごとに繰り返す．その結果，出力電圧波形は図 2.4 (c) のようになる．出力電圧波形は一定な直流とはならないが，その平均値は正の値，つまり直流成分をもった出力電圧となることがわかる．

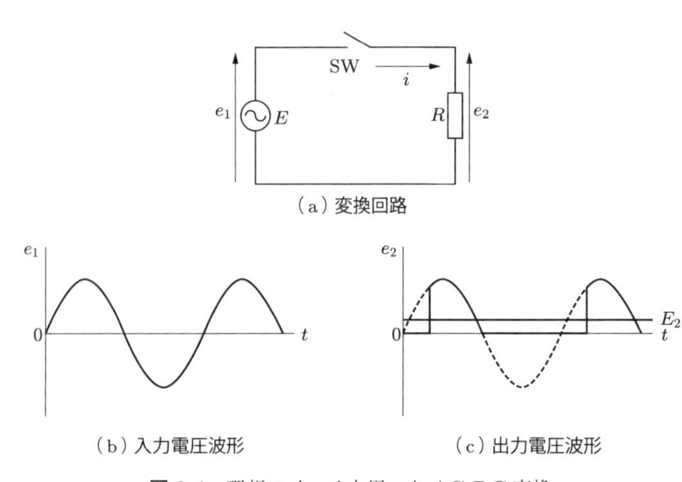

図 2.4　理想スイッチを用いた AC-DC 変換

2.3.2 AC-AC 変換の原理

図 2.5 に変換回路とその波形を示す．変換回路は図 2.4 (a) と同じものである．入力電圧はきれいな正弦波の交流である．入力電圧が正のある値のとき，理想スイッチ SW をオンする．そして入力電圧が負になったときスイッチをオフし，さらに負のある値になったときスイッチを再びオンする．そして入力電圧が正になったときスイッチをオフする．この動作を入力電圧の 1 周期ごとに繰り返す．その結果，出力電圧波形は図 2.5 (c) のようになる．出力電圧波形は正の電圧と負の電圧を含み，その平均値は 0 なので直流成分は含まない．つまりきれいな正弦波ではないが，交流とみなすことができる．

なお，AC-AC 変換には電圧と周波数を同時に変換する方式もあるが，これについては 13.3 節で説明する．

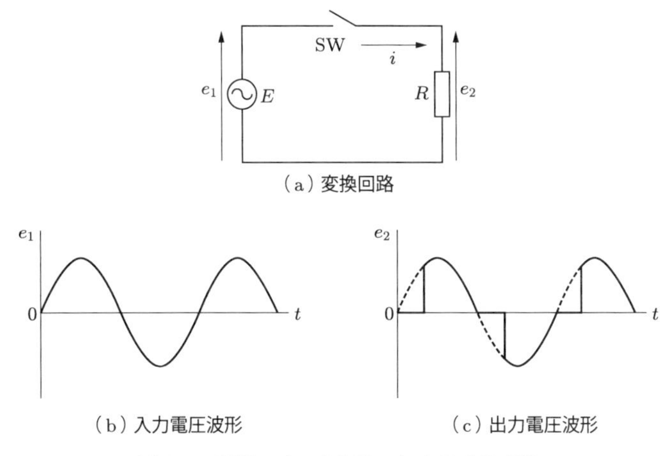

図 2.5　理想スイッチを用いた AC-AC 変換

2.3.3　DC-AC 変換の原理

図 2.6 に変換回路とその波形を示す．入力電圧は電圧が一定の直流である．ある時刻で理想スイッチ SW_1 と SW_4 をオンし，SW_2 と SW_3 をオフする．このとき A 点は入力電圧の正側，B 点は負側に接続されるので，出力電圧 e_2 は入力電圧 e_1 と等しくなる．そして時間が経ったある時刻で理想スイッチ SW_1 と SW_4 をオフし，SW_2 と SW_3 をオンする．このとき A 点は入力電圧の負側，B 点は正側に接

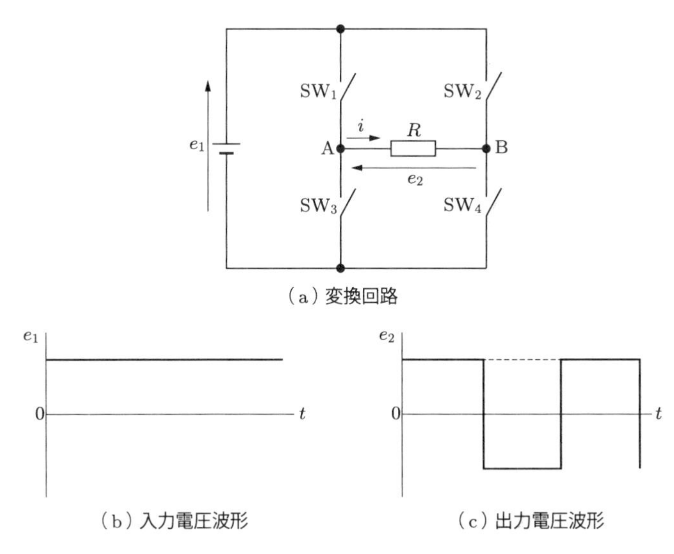

図 2.6　理想スイッチを用いた DC-AC 変換

続されるので，出力電圧 e_2 は $-e_1$ となる．その結果，出力電圧波形は図 2.6 (c) のようになる．スイッチ SW_1 と SW_4 をオンしている時間と SW_2 と SW_3 をオンしている時間が等しいとき，その平均値は 0 となり，直流成分は含まない．つまりきれいな正弦波ではないが，交流とみなすことができる．

本章のまとめ

- 理想スイッチを用いた電力変換では，スイッチの消費電力は 0 となり，出力電力/入力電力つまり効率は 100% となる．
- 理想スイッチを用いた変換回路をうまく構成することで，入力電圧の一部をそのまま出力したり，入力電圧の一部を反転して出力したりできる．その結果，AC-DC 変換，AC-AC 変換，DC-DC 変換，DC-AC 変換が可能になる．

演習問題

2.1　(1) 図 2.1 の回路において $E = 10$ V のとき，出力電圧 e_2 の平均値を 6 V にするには T_{on} と T_{off} の比をいくらにすればよいか．

(2) 出力電圧のオンが 1 秒間に 1000 回としたとき，T_{on} と T_{off} はいくらにすればよいか．

2.2　(1) 図 2.1 の回路において $E = 10$ V，$R = 2\,\Omega$ とする．$T_{on} = T_{off}$ のときの出力電圧，出力電流，出力電力それぞれの平均値を求めなさい．

(2) 2 Ω の抵抗に 5 V 一定の直流電圧を印加したときの電力を求めなさい．(1) の場合と異なる場合，その理由を述べなさい．

2.3　理想スイッチ SW を用いた**問図 2.1** の回路を考える．ここで，交流電源の実効値 $E = 100$ V，抵抗 $R = 10\,\Omega$ とする．スイッチ SW が交流電圧 1 周期 2π のうち $\pi/3$ から π の間でオンする場合，入力電圧 e_1，出力電圧 e_2，電流 i の波形を描きなさい．

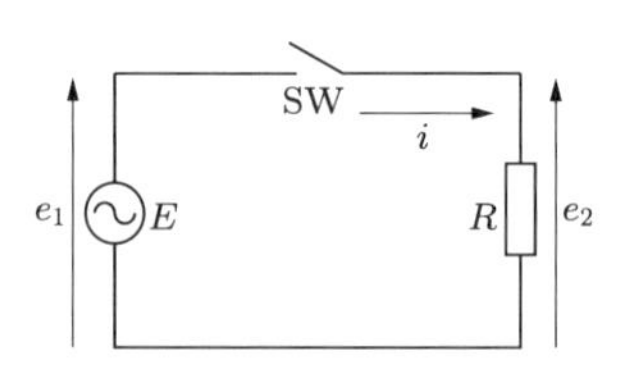

問図 2.1

3 パワーエレクトロニクス回路の評価量

ここまで説明したように，パワーエレクトロニクス回路では直流と交流が混在している．また，スイッチのオン，オフによって出力が得られるので，出力は一定の直流や正弦波の交流ではなく，ひずみ波形となる．本章では，ひずみ波形の電圧，電流，電力などの取り扱いについて説明する．また，ひずみ波には高調波成分が含まれるので，それらを求めるフーリエ級数について説明する．

3.1 平均値と実効値

パワーエレクトロニクス回路で出力となる電圧，電流は，過渡現象が収束した後には繰り返しの波形となる．繰り返し**周期** T [s]，**周波数** f [Hz]，**角周波数** ω [rad/s]，角度 θ [rad] の関係は次式で表せる．

$$f = \frac{1}{T}, \qquad \omega = 2\pi f, \qquad \theta = \omega t \tag{3.1}$$

したがって，繰り返し波形の周期は，時間で表すと T [s]，角度で表すと 2π [rad] となる．

AC-DC 変換や DC-DC 変換で出力される直流電圧，電流では，その**平均値**が重要な量となる．たとえば，ロボットなどを駆動する DC モータの回転速度は，その端子電圧の平均値によってほぼ決まる．周期 T [s] で繰り返される電圧 $v(t)$ の平均値 V_{ave} [V] は次式で表される[†1]．

$$V_{ave} = \frac{1}{T}\int_0^T v(t)\,dt = \frac{1}{2\pi}\int_0^{2\pi} v(\theta)\,d\theta \tag{3.2}$$

DC-AC 変換や AC-AC 変換で出力される交流電圧，電流では，その実効値が重要な量となる[†2]．周期 T [s] で繰り返される電圧 $v(t)$ の**実効値** V_{eff} [V] は次式で表

---

†1 正弦波交流電圧など 1 周期の平均が 0 となる波形については，平均値は通常，半周期の平均値で定義されるが，本書では 1 周期の平均値で扱う．

†2 抵抗 R [Ω] に実効値 V_{eff} の交流を印加したときの電力は，同じ値の直流 V_{DC} を印加したときの電力 V_{DC}^2/R と等しくなる．つまり実際の効力が同じになる．このため V_{eff} は実効値とよばれる．

される．

$$V_{\mathit{eff}} = \sqrt{\frac{1}{T}\int_0^T v^2(t)\,dt} = \sqrt{\frac{1}{2\pi}\int_0^{2\pi} v^2(\theta)\,d\theta} \tag{3.3}$$

正弦波交流電圧，電流について上式を計算すると，実効値は最大値の $1/\sqrt{2}$ 倍となる．

3.2 高調波成分

直流でもなく正弦波でもないひずみ波形の場合，$f = 1/T$ の周波数成分（基本波成分）以外に高調波成分が含まれる．**高調波成分**を求めるには，次式で表される**フーリエ級数**が用いられる．

$$\begin{aligned} v(t) &= a_0 + \sum_{n=1}^{\infty}(a_n \cos n\omega t + b_n \sin n\omega t) \\ &= a_0 + \sum_{n=1}^{\infty} \sqrt{a_n^2 + b_n^2}\,\sin(n\omega t + \phi_n) \\ &= V_0 + \sum_{n=1}^{\infty} \sqrt{2}V_n \sin(n\omega t + \phi_n) \end{aligned} \tag{3.4}$$

ここで，

$$\begin{aligned} a_0 &= V_0 = \frac{1}{T}\int_0^T v(t)\,dt = \frac{1}{2\pi}\int_0^{2\pi} v(\theta)\,d\theta \\ a_n &= \frac{2}{T}\int_0^T v(t)\cos n\omega t\,dt = \frac{1}{\pi}\int_0^{2\pi} v(\theta)\cos n\theta\,d\theta \\ b_n &= \frac{2}{T}\int_0^T v(t)\sin n\omega t\,dt = \frac{1}{\pi}\int_0^{2\pi} v(\theta)\sin n\theta\,d\theta \\ V_n &= \sqrt{\frac{a_n^2 + b_n^2}{2}}, \qquad \phi_n = \tan^{-1}\frac{a_n}{b_n} \end{aligned} \tag{3.5}$$

である．また，$v(t)$ の実効値 V_{eff} は，高調波成分を用いて次式のように表される．

$$V_{\mathit{eff}} = \sqrt{\frac{1}{T}\int_0^T v(t)^2\,dt} = \sqrt{V_0^2 + \sum_{n=1}^{\infty} V_n^2} \tag{3.6}$$

3.3 電力，力率，ひずみ率

ひずみ波の電圧 $v(t)$ を負荷に印加すると，負荷に流れる電流 $i(t)$ もひずみ波になる．前節と同様，V_0，I_0 を直流成分，V_n，I_n を n 次高調波の実効値とする．n 次高調波の電圧と電流の位相差を θ_n とすると，$i(t)$ は

$$i(t) = I_0 + \sum_{n=1}^{\infty} \sqrt{2} I_n \sin(n\omega t + \phi_n - \theta_n) \tag{3.7}$$

と表せる．これより，電流が単位時間あたりにする仕事，すなわち単位時間のエネルギーであるひずみ波の**有効電力**の平均値 P [W] は

$$\begin{aligned} P &= \frac{1}{T}\int_0^T p(t)\,dt = \frac{1}{T}\int_0^T v(t)i(t)\,dt \\ &= \frac{1}{2\pi}\int_0^{2\pi} v(\theta)i(\theta)\,d\theta = V_0 I_0 + \sum_{n=1}^{\infty} V_n I_n \cos\theta_n \end{aligned} \tag{3.8}$$

となる．つまり，ひずみ波の有効電力は，同じ周波数の有効電力を加え合わせた量になる．ここで直流成分も周波数を 0 として加え合わせる．したがって，電圧が一定の直流の場合の有効電力は，電流の平均値のみを考えればよい．また，電圧が正弦波の場合の有効電力は，電圧と同じ周波数成分の電流のみを考えればよい．

有効電力のほかに，**皮相電力** S [VA] と**無効電力** Q [var] がある．

$$S = V_{\mathit{eff}} I_{\mathit{eff}} = \sqrt{V_0^2 + \sum_{n=1}^{\infty} V_n^2}\sqrt{I_0^2 + \sum_{n=1}^{\infty} I_n^2} \tag{3.9}$$

$$S = \sqrt{P^2 + Q^2} \tag{3.10}$$

ここで，[VA] はボルトアンペア，[var] はバール（volt ampere reactive の略）である．インダクタやキャパシタは電力を消費しないが，磁気エネルギーや静電エネルギーとしてエネルギーを蓄積，放出する．この電力（単位時間のエネルギー）が無効電力である．なお無効電力は，キャパシタンス成分を含む容量性負荷の場合は「進み無効電力」，インダクタンス成分を含む誘導性負荷の場合は「遅れ無効電力」とよばれる．

皮相電力のうち有効電力となる割合を示す量として，力率がある．ひずみ波形の**総合力率** PF は次式で表される．

$$PF = \frac{P}{S} = \frac{V_0 I_0 + \sum_{n=1}^{\infty} V_n I_n \cos\theta_n}{\sqrt{V_0^2 + \sum_{n=1}^{\infty} V_n^2}\sqrt{I_0^2 + \sum_{n=1}^{\infty} I_n^2}} \tag{3.11}$$

基本波成分に対する**基本波力率**は次式で表せる．

$$\text{基本波力率} = \frac{\text{基本波の有効電力}}{\text{基本波の皮相電力}} = \frac{V_1 I_1 \cos\theta_1}{V_1 I_1} = \cos\theta_1 \tag{3.12}$$

また，基本波の電圧と電流の位相差 θ_1 を**力率角**とよぶ．

ひずみ波形のひずみの程度を評価する量として，**ひずみ率** THD（Total Harmonic Distortion の略）がある．次式は電圧のひずみ率だが，電流も同様に表せる．

$$THD = \frac{\text{2次以上の高調波の実効値}}{\text{基本波の実効値}} = \frac{\sqrt{V_{eff}^2 - V_1^2}}{V_1} \tag{3.13}$$

演習問題

3.1　実効値 V_{eff} の正弦波交流電圧を抵抗 R に印加したときに消費される電力を求めなさい．

3.2　$R = 10\sqrt{3}\ \Omega$，$\omega L = 10\ \Omega$ の RL 直列回路にひずみ波電圧 $v = 30\sin\omega t + 10\sin 3\omega t$ を印加したときの有効電力，皮相電力，総合力率，電圧のひずみ率，電流のひずみ率を求めなさい．

4 電力用半導体素子

電力変換回路に用いられる電力用半導体素子には，表 4.1 に示すようにさまざまな種類があり，電力変換器の種類や要求される機能，電力の大小，周波数の高低などによって使い分けられている．電力用半導体素子の特性を理解することは，パワーエレクトロニクスを理解するうえで重要である．

表 4.1　電力用半導体素子の種類

大分類	小分類	機能
ダイオード	一般用	外部回路の状態でその導通，非導通が決まる（非可制御デバイス）．
	高速用	
サイリスタ	逆阻止 3 端子サイリスタ	オフからオンへは制御できるが，オンからオフは制御できず，外部回路の状態でオフが決まる（オン機能可制御デバイス）．
	トライアック	
	光点弧サイリスタ	
	GTO	オンからオフおよびオフからオンの双方向で制御できる（オン，オフ機能可制御デバイス）．自己消弧形デバイスともよばれる．
トランジスタ	バイポーラトランジスタ	
	MOSFET	
	IGBT	

本章では，電力用半導体素子として，ダイオード，バイポーラトランジスタ，サイリスタ，MOSFET，IGBT の特性について説明する．また，容量や動作周波数の点から，これらの定性的な比較も行う．

4.1 半導体

半導体とは，電流を流しやすい導体と電流を流しにくい絶縁体の中間にある物質である．半導体の代表的な元素はシリコン（ケイ素，Si）やゲルマニウム（Ge）である．これらは最外殻に 4 個の電子をもつ周期表の 14 族に属す．単一の元素でできた純粋な半導体を**真性半導体**とよぶ（**図 4.1**）．真性半導体に外部から熱や光などのエネルギーを加えると，電子が原子から離れて**自由電子**になる．同時に，電子が抜けた穴は電気的には正になる．この穴を**ホール**（**正孔**）とよぶ．したがって，真性半導体には同数の自由電子とホールが存在する．実際のデバイスに使われるのは，真性半導体に不純物を添加して，電気抵抗を小さくした不純物半導体である．

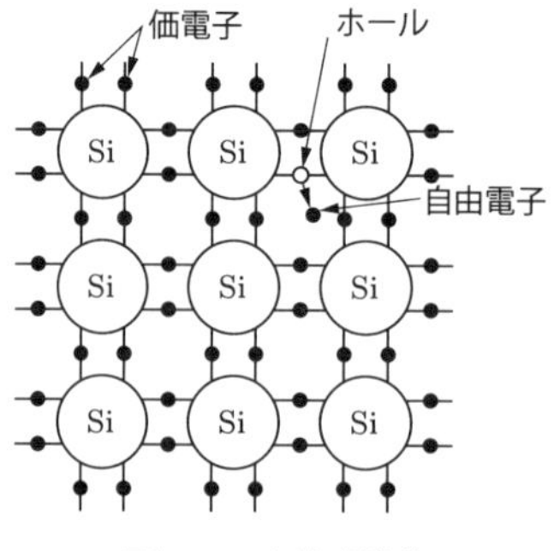

図 4.1　真性半導体

シリコンの真性半導体を作るときに，最外殻に5個の電子をもつ15族のリンやヒ素（As）を添加すると，結晶を作る際に一つの電子が余る状態になり，これが自由電子となる．この場合，自由電子が多くホールが少ない半導体となる．電気的に負が優勢になるので，negativeの頭文字をとって**n形半導体**とよばれる（図4.2）[†1]．反対に，最外殻に3個の電子をもつ13族のホウ素（B）やアルミニウムを添加すると，結晶を作る際に一つの電子が足りない状態になり，これがホールとなる．この場合，ホールが多く自由電子が少ない半導体となる．電気的に正が優勢になるので，positiveの頭文字をとって**p形半導体**とよばれる（図4.3）．

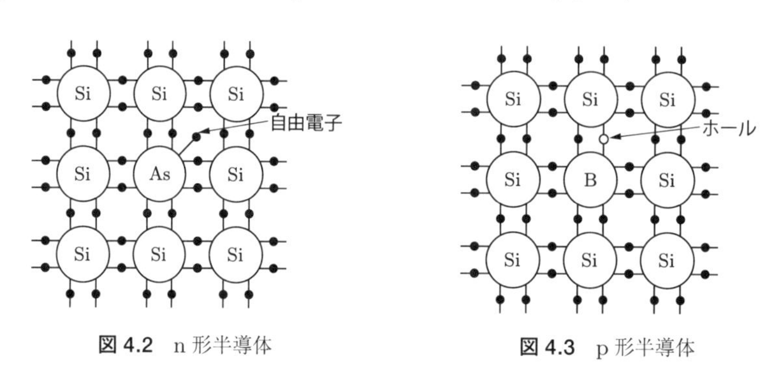

図 4.2　n形半導体

図 4.3　p形半導体

4.2 ダイオード

ダイオードは，p形半導体とn形半導体を接合した素子である．ダイオードには，主に整流用としてあまり高くない周波数で使われる一般用と，トランジスタなどと

†1 p形，n形の漢字表記には「型」を使用することもあるが，本書では日本産業規格JISにならい「形」を使用する．

組み合わせて高周波でスイッチングを行う高速用がある．ダイオードの基本構造と回路記号を**図 4.4** に示す．p 形半導体と n 形半導体を接合し，それぞれに**陽極**（**アノード**（anode），記号は A）と**陰極**（**カソード**（cathode），記号は K）を付けたものがダイオードである．

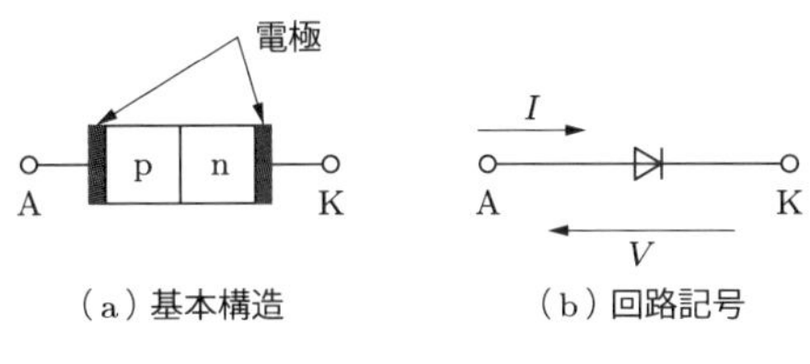

図 4.4　ダイオード

4.2.1　動作原理

一般に，負である自由電子と正であるホールは次の二つの作用で移動する．一つ目は電界による移動である．これにより，自由電子は正側へ，ホールは負側へ移動，つまり電流が流れる．これを**ドリフト電流**とよぶ．二つ目は濃度差による移動である．たとえば，自由電子が多い領域と少ない領域がある場合，自由電子はより少ない領域へ移動する．これにより流れる電流を**拡散電流**とよぶ．

図 4.5 (a) に示すように p 形半導体と n 形半導体を接合すると，接合部では n 形半導体の自由電子と p 形半導体のホールが拡散電流によって結合（**再結合**とよぶ）する．その結果，図 4.5 (b) に示すように，自由電子とホールがどちらも存在しな

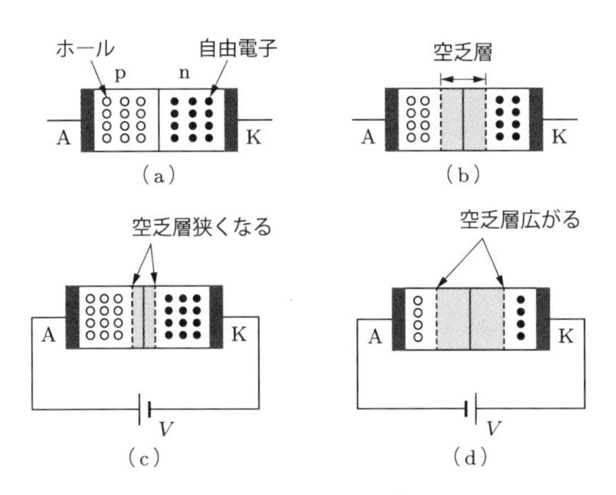

図 4.5　ダイオードの動作原理

い部分ができる．この領域を**空乏層**とよぶ．空乏層の n 形領域では電子を失った正イオンが，p 形領域では電子を得た負イオンが生じるために，拡散を妨げる向きの電界が発生する．この状態で，アノード側が正，カソード側が負になるように電圧源を接続すると，p 形半導体内ではホールが増え，n 形半導体内では自由電子が増え，図 4.5 (c) に示すように空乏層の幅が狭くなる．電源電圧を高くしていくと，ある電圧値（約 0.7 V）で空乏層がなくなり，p 形半導体内のホールは n 形半導体内に移動し，n 形半導体内の自由電子は p 形半導体内に移動する．つまり，拡散電流が流れる．そしてそれらは再結合し，消滅する．その結果，p 形半導体内のホールと n 形半導体内の自由電子が減少するので，外部の電源から自由電子とホールが供給され続ける．つまり，電流が流れ続けることになる．逆に，図 4.5 (d) に示すように，アノード側が負，カソード側が正になるように電圧源を接続すると，p 形半導体内のホールは減少し，n 形半導体内の自由電子も減少するため，空乏層が広がり，電流は流れない（実際には，p 形半導体内の自由電子と n 形半導体内のホールによる微小のドリフト電流が流れる）．

4.2.2　特性

特性は**図 4.6** (a) のようになる．つまり，カソードよりアノードの電位が高いとき（V が正のとき）電流が流れ，反対に V が負のときはほとんど流れない．ダイオードの回路記号において，三角形のとがった方向にのみ電流が流れると考えるとよいだろう．ダイオードの逆方向電圧を高くしていくと，ある電圧で急激に大きい電流が流れる．この電圧を**逆降伏電圧**とよぶ．整流用ダイオードはこの値より低い電圧で使用しなければならない．この逆降伏電圧を低い値として積極的に利用する

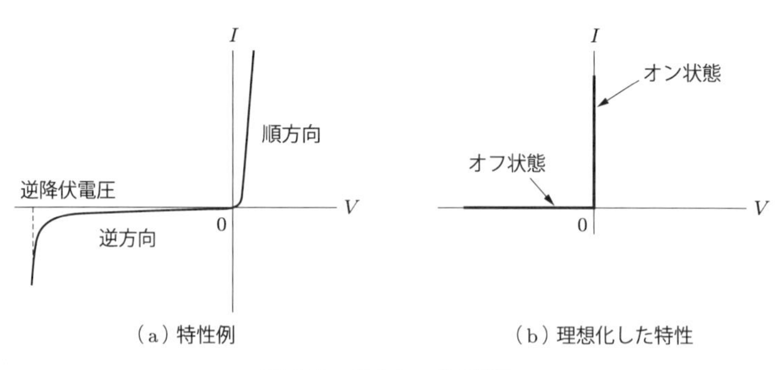

（a）特性例　　（b）理想化した特性

図 4.6　ダイオードの特性

ものは**ツェナーダイオード**（**定電圧ダイオード**）とよばれる[†2]．次章からは，電流が流れるときの電圧降下や電流が流れないときの漏れ電流を無視して，図 4.6 (b) のように理想化して扱うことにする．

4.3 バイポーラトランジスタ

バイポーラトランジスタは，p 形半導体と n 形半導体を，**図 4.7** に示すように，npn（あるいは pnp）のように接続したものである．3 端子を**コレクタ**（collector，記号は C），**ベース**（base，記号は B），**エミッタ**（emitter，記号は E）とよぶ．ここで，ベースの p 形半導体は非常に薄く作られている．二つの pn 接合部には，ダイオードと同様に空乏層ができる．

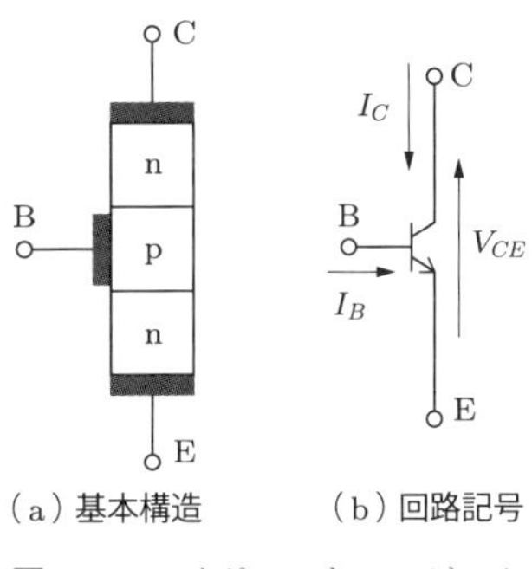

（a）基本構造　（b）回路記号

図 4.7　バイポーラトランジスタ

4.3.1 動作原理

図 4.8 のように，C–E 間に電圧 V_{CE} をかける．B–E 間の電圧 V_{BE} が 0 V のとき，C–B 間の pn 接合部は逆バイアスなので電流 I_C は流れない．次に，図のように B–E 間の pn 接合部に正の電圧 V_{BE} をかけると空乏層が狭くなり，約 0.7 V でエミッタ側の n 形半導体内の自由電子は中央の p 形半導体へ拡散する．ここに入った自由電子のごく少数がホールと結合し，ベース電流 I_B として流れる．しかし，中央の p 形半導体が非常に薄いために，p 形半導体部に入ってきた自由電子の大部分は B–C 間の空乏層の電界によってコレクタ側の n 形半導体内に引き込まれる．つまり，ドリフトされてコレクタ電流 I_C となる．

†2 ツェナーダイオードの降伏は，ダイオードの逆降伏とは原理が異なり，**ツェナー降伏**とよばれる．

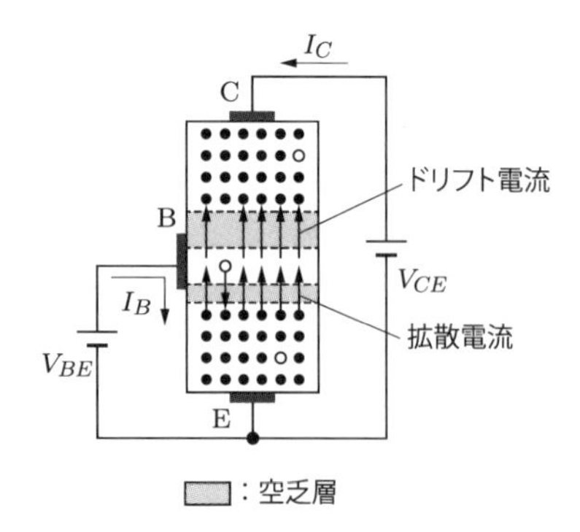

図 4.8　バイポーラトランジスタの動作原理

このように，ベース電流 I_B によって B–E 間の空乏層の幅を制御すると，I_B にほぼ比例したコレクタ電流 I_C を流すことができる．ただし，C–E 間の電圧 V_{CE} が低いときには，自由電子はドリフトされないのでコレクタ電流 I_C は流れない．

4.3.2　特性

特性は図 4.9 のようになる．前節の動作原理で説明したように，トランジスタには活性領域の両側に電流がほとんど流れない遮断領域と，C–E 間の電圧降下が小さい飽和領域がある．スイッチングで使用する場合，ある程度大きなベース電流 I_B を流す飽和領域と，ベース電流 I_B を流さない（$I_B = 0$）遮断領域の二つの状態を，スイッチのオンとオフとして使用する．ダイオードと同様，次章からは図 4.9 (b) のように理想化して扱うことにする．

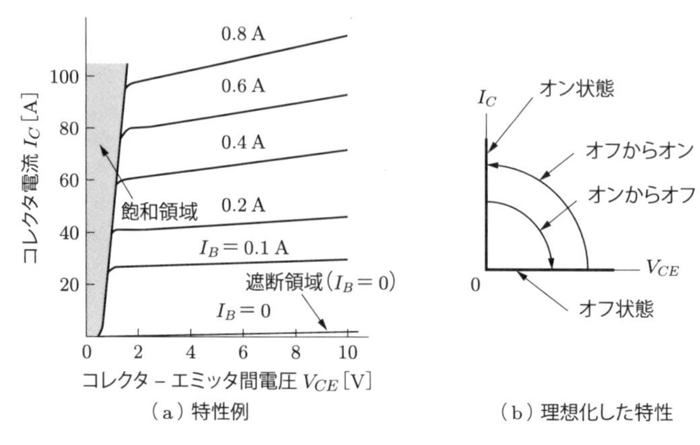

図 4.9　バイポーラトランジスタの特性

4.4 サイリスタ

サイリスタとは，一般に pnpn の 4 層構造で 3 端子をもつ逆阻止 3 端子サイリスタを指す．その基本構造と回路記号を**図 4.10** に示す．3 端子をアノード，**ゲート** (gate，記号は G)，カソードとよぶ．

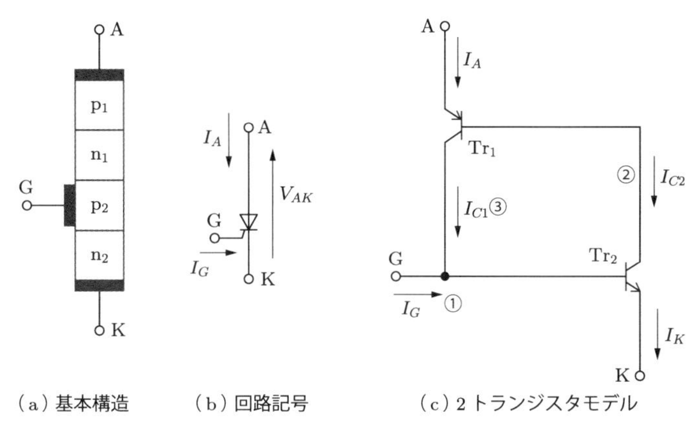

(a) 基本構造 (b) 回路記号 (c) 2 トランジスタモデル

図 4.10 サイリスタ

4.4.1 動作原理

サイリスタの動作は，図 4.10 (c) に示すように二つのバイポーラトランジスタ Tr_1，Tr_2 で構成されると考えると理解しやすい．サイリスタがオフからオンになる動作は以下のようになる．

① A–K 間に順電圧を印加した状態でゲート電流 I_G を流すと，I_G は $n_1p_2n_2$ で構成されるトランジスタ Tr_2 のベース電流として流れる．

② このベース電流は Tr_2 によって増幅され，I_{C2} が流れる．電流 I_{C2} は $p_1n_1p_2$ で構成されるトランジスタ Tr_1 のベース電流となる．

③ このベース電流は Tr_1 によって増幅され，I_{C1} が流れる．電流 I_{C1} はトランジスタ Tr_2 のベース電流となるので，②へ戻る．

このように正帰還がかかり，サイリスタは安定したオン状態になる（これを**ターンオン**あるいは**点弧**とよぶ）．一度オン状態になるとゲート電流は必要ではないので，ゲート電流は短いパルス電流でよいことがわかる．

ゲート電流を0にしてもサイリスタをオンからオフにすることができない．オンからオフにするには，外部回路によってA–K間に逆電圧を加えるなどして電流 I_A を0にしなければならない．

4.4.2 特性

特性は**図4.11** (a) のようになる．A–K間に順電圧を加えても $I_G = 0$ では電流が流れない（**順阻止状態**）．$I_G = 0$ で順電圧を増加していくと，ある値を超えたときサイリスタに電流が流れる．これを**ブレークオーバ**とよび，このときの電圧の値を**ブレークオーバ電圧**とよぶ．I_G を大きくしていくと，サイリスタがオフからオンになる電圧が低下する．一方，A–K間に逆電圧を加えても電流は流れない（**逆阻止状態**）．ダイオードと同様，次章からは図4.11 (b) のように理想化して扱うことにする．

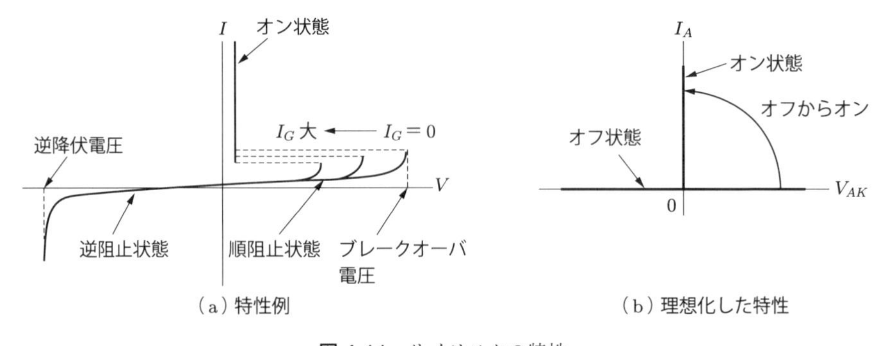

図4.11　サイリスタの特性

サイリスタには，上記で説明した逆阻止3端子サイリスタ以外に以下のようなものがある．

- **トライアック**：2組のpnpn接合素子を逆向きで並列に配置した素子．したがって，両方向の電流をオンすることができる．
- **光点弧サイリスタ**：ゲート電流の代わりに光パルスを入射して，電子とホールの対を発生させ，これらを利用してターンオンさせた素子．主回路と点弧回路を電気的に分離できるという利点がある．たとえば，これらを直列に接続すると，ノイズに強くなり部品点数を減らせるので，回路の信頼性を上げることができる．

- **ゲートターンオフサイリスタ**（GTO，gate turn-off thyristor）：逆阻止3端子サイリスタと同様にアノード，カソード，ゲートの3端子をもっているが，自己消弧能力をもつ素子．ゲート端子から電流を引き出す，つまり負の電流 I_G を流すことによってターンオフする．したがって，理想化したその特性は4.3節のバイポーラトランジスタのものと同じになる．

4.5 MOSFET

電界効果トランジスタ（FET，Field Effect Transistor）には数種類あるが，電力用としては**絶縁ゲート形 FET**（MOSFET，Metal Oxide Semiconductor FET）が用いられる．その基本構造と回路記号を**図4.12**に示す．3端子で構成され，バイポーラトランジスタの3端子との対応は，ゲートGがベースB，ドレインDがコレクタC，ソースSがエミッタEである．ゲート端子は金属電極 − SiO_2（絶縁体）− 半導体の構造をしている．

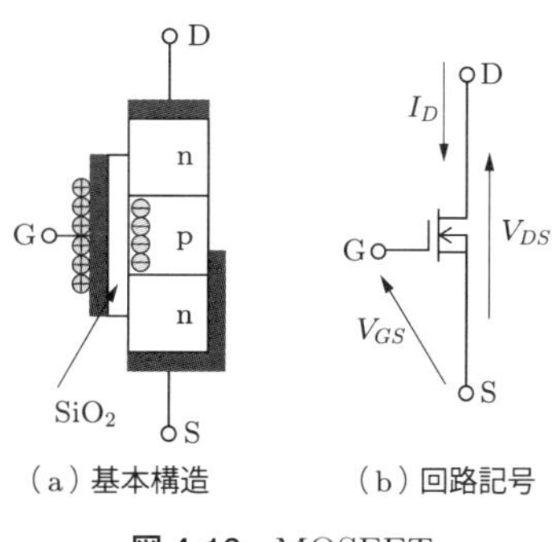

（a）基本構造　（b）回路記号

図4.12　MOSFET

4.5.1 動作原理

MOSFETは，D–S間に正の電圧を加えただけではオンしない．D–S間に正の電圧を加えた状態でG–S間に正の電圧を印加すると，キャパシタのように SiO_2（絶縁体）の両側に電荷が引きつけられる．その結果，p形半導体領域に電子の通路（n形のチャネル）ができる．そのチャネルを通ってD–S間にドリフト電流 I_D が流れる．つまり，ある値の V_{GS} を印加するとオンとなり，$V_{GS} = 0$ とするとこのチャネルが消滅するのでオフする．電流に関係するのは自由電子のみで，ホールは関係しない．このように電流に関係するキャリアが1種類のみのため，バイポーラトランジスタに対して**ユニポーラトランジスタ**ともよばれる．キャリア1種類のみのため，オンからオフへのターンオフ時間およびオフからオンへのターンオン時間が短くなるという特長をもっている．

4.5.2　特性

特性は図4.13 (a) のようになる．電流の流れがn形半導体－nチャネル－n形半導体となるので，オン時の V_{DS} と I_D の関係は抵抗特性となる．つまり，V_{DS} が低いとき I_D は V_{DS} にほぼ比例する．バイポーラトランジスタはベース電流でオン，オフを制御するが，MOSFETではゲート－ソース間電圧でオン，オフを制御する点が大きく異なる．バイポーラトランジスタと同様，次章からは図4.13 (b) のように理想化して扱うことにする．

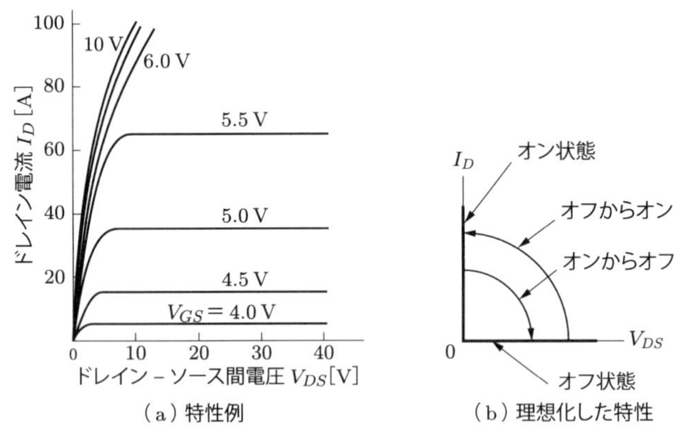

（a）特性例　　（b）理想化した特性

図4.13　MOSFETの特性

また，MOSFETでは，図4.13 (a) に示したように，ソース電極に接続されたp形半導体とドレイン電極に接続されたn形半導体でダイオードが形成されている．このダイオードは，第11章で説明するインバータなどの逆並列ダイオードとして利用される．

バイポーラトランジスタとMOSFETを比較すると，表4.2のようになる．

表 4.2 バイポーラトランジスタと MOSFET の比較

		バイポーラトランジスタ	MOSFET
入力側の消費電力		電流駆動なので大きい	電圧駆動なので小さい
スイッチング時間		電流の運び手が 2 種類なので長い	電流の運び手が 1 種類なので短い
オン時の電圧降下		小電流でも電圧降下があるが，大電流では低い	抵抗特性なので大電流では高い
出力側の消費電力	ドレイン電流が小さいとき	大きい	小さい
	ドレイン電流が大きいとき	小さい	大きい

4.6 IGBT

IGBT（Insulated Gate Bipolar Transistor，絶縁ゲートバイポーラトランジスタ）はバイポーラトランジスタと MOSFET の特長を両方活かせるようにした素子である．図 4.14 (a) に IGBT の基本構造を示す．

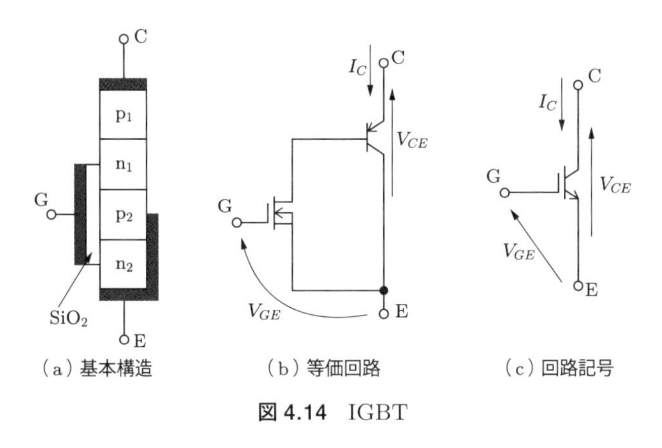

(a) 基本構造　(b) 等価回路　(c) 回路記号

図 4.14 IGBT

MOSFET との違いは，MOSFET のドレイン側に p 形半導体（図 4.14 (a) では p_1 に相当する部分）が付け加わっていることである．等価回路を図 4.14 (b) に，回路記号を図 (c) に示す．なお IGBT の端子記号は，ドレイン D，ソース S ではなく，コレクタ C，エミッタ E を用いる．

4.6.1 動作原理

IGBT は，C–E 間に正の電圧 V_{CE} を印加しただけではオンしない．C–E 間に正の電圧 V_{CE} を印加した状態で G–E 間に正の電圧 V_{GE} を印加すると，MOSFET

と同様に p_2 層に n チャネルができ，電子は n_2 層 − n チャネル − n_1 層 − p_1 層へ移動する．エミッタの電極が p_2 の領域まで接合されていることに注意すると，この状態は $p_1n_1p_2$ とエミッタ電極で構成されるバイポーラトランジスタのベース電流が流れてオン状態になることに相当する．したがって，出力側はバイポーラトランジスタと同程度の低いオン電圧となる．また，IGBT の等価回路は MOSFET とバイポーラトランジスタで構成されるので，スイッチング時間については両者の中間の値となり，MOSFET ほど短くならない．

4.6.2　特性

特性は**図 4.15** (a) のようになる．MOSFET と同様に，G–E 間電圧でオン，オフを制御する．MOSFET と同様，次章からは図 4.15 (b) のように理想化して扱うことにする．

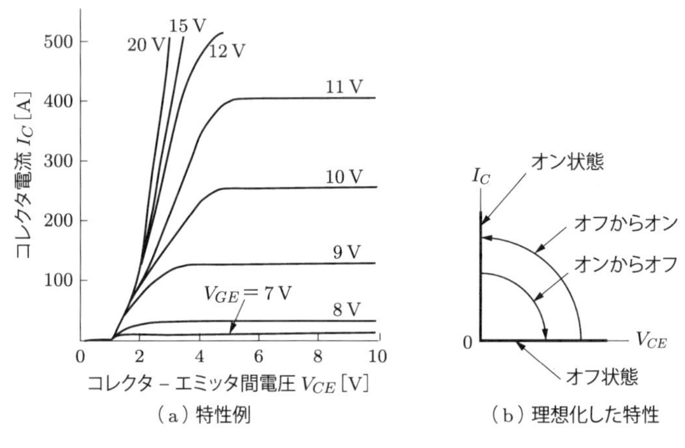

図 4.15　IGBT の特性

4.7　電力用半導体素子の比較

ここまでに説明した電力用半導体素子を，電圧と電流の積である容量 [VA] とスイッチング周波数 [Hz] で比較すると，**図 4.16** のようになる．MOSFET が容量の点で劣るのは，オン時の出力側が抵抗特性をもつので大電流に適さないためである．

最近では，バイポーラトランジスタは，スイッチング周波数の点から，大容量のものは IGBT に，小容量のものは MOSFET に置き換えられつつある．また，現

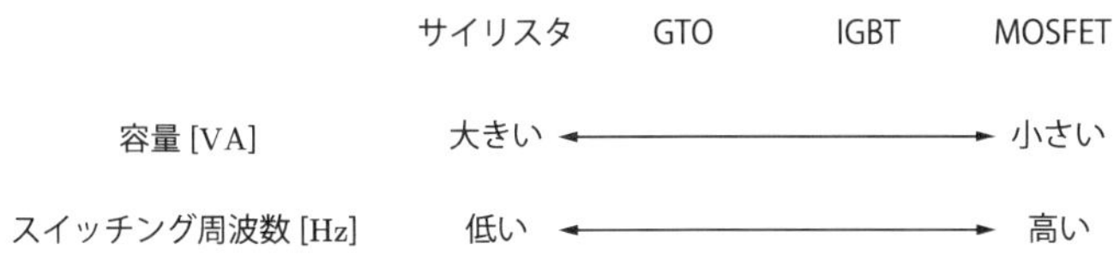

サイリスタ　GTO　IGBT　MOSFET

容量 [VA]　大きい ←→ 小さい

スイッチング周波数 [Hz]　低い ←→ 高い

図 4.16　各種電力用半導体素子の大まかな比較

在ほとんどの電力用半導体素子にはシリコン Si が用いられているが，最近はシリコンカーバイド SiC を用いた電力用半導体素子が注目されている．SiC のバンドギャップの大きさ，絶縁破壊電界強度や熱伝導率の高さを利用した，高性能なデバイスの開発が進められている．

4.8　電力変換における損失

本章で説明したように，実際の電力用半導体素子にはオン時の電圧降下やオフ時の漏れ電流がある．それらをスイッチに用いたときの電力変換における損失について説明する．

4.8.1　スイッチング時間を考慮したときの波形

図 2.1 で示した回路において，理想スイッチの場合のスイッチの電圧，電流，それらの積である瞬時電力を図 2.3 に示した．実際のスイッチの場合，スイッチがオンしたときの**電圧降下**を E_{on}，オフしたときの漏れ電流を I_{off}，オフからオンへの切り換えに必要な時間である**ターンオン時間**を ΔT_{on}，オンからオフへの切り換えに必要な時間である**ターンオフ時間**を ΔT_{off} とすると，スイッチ SW の電圧，電流，それらの積である**瞬時電力**は図 4.17 のようになる．ここでは，ターンオン時およびターンオフ時に，電圧と電流は直線状に変化すると仮定している．また，スイッチがオフしたときの電圧を E_{off}，オンしたときの電流を I_{on} としている．

4.8.2　電力用半導体素子での損失

図 4.17 の波形から損失を求めてみよう．

- スイッチオン時の消費エネルギー：

$$W_{on} = E_{on} I_{on} T_{on} \tag{4.1}$$

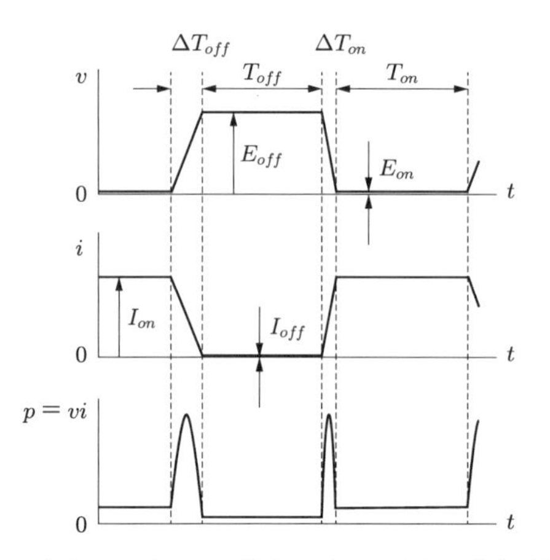

図 4.17　実際のスイッチの場合の電圧，電流，瞬時電力波形

- スイッチオフ時の消費エネルギー：

$$W_{off} = E_{off} I_{off} T_{off} \tag{4.2}$$

- ターンオフ時の消費エネルギー：この期間では電圧と電流は

$$v = \frac{E_{off} - E_{on}}{\Delta T_{off}} t + E_{on}, \qquad i = -\frac{I_{on} - I_{off}}{\Delta T_{off}} t + I_{on} \tag{4.3}$$

で表せるので，次式となる．

$$\begin{aligned} \Delta W_{off} &= \int_0^{\Delta T_{off}} vi\,dt \\ &= \int_0^{\Delta T_{off}} \left(\frac{E_{off} - E_{on}}{\Delta T_{off}} t + E_{on} \right) \left(-\frac{I_{on} - I_{off}}{\Delta T_{off}} t + I_{on} \right) dt \\ &= (E_{off} I_{on} + 2E_{off} I_{off} + 2E_{on} I_{on} + E_{on} I_{off}) \frac{\Delta T_{off}}{6} \end{aligned} \tag{4.4}$$

- ターンオン時の消費エネルギー：この場合ターンオフ時と同様に考えればよく，電圧と電流，オンとオフを入れ換えればよいので，次式となる．

$$\begin{aligned} \Delta W_{on} &= \int_0^{\Delta T_{on}} iv\,dt \\ &= \int_0^{\Delta T_{on}} \left(\frac{I_{on} - I_{off}}{\Delta T_{on}} t + I_{off} \right) \left(-\frac{E_{off} - E_{on}}{\Delta T_{on}} t + E_{off} \right) dt \\ &= (E_{off} I_{on} + 2E_{off} I_{off} + 2E_{on} I_{on} + E_{on} I_{off}) \frac{\Delta T_{on}}{6} \end{aligned} \tag{4.5}$$

以上の損失を足した値が，オンとオフ 1 回あたりのスイッチで消費されるエネルギーになる．なお，スイッチング動作の過渡状態に発生する損失を**スイッチング損失**とよぶ．

スイッチング周波数を f_{SW} とし，1 秒間にオンとオフの繰り返しが f_{SW} 回行われるとすると，1 秒あたりの消費エネルギー，つまり消費電力 P_{loss} は次式となる．

$$\begin{aligned} P_{loss} &= (W_{on} + W_{off} + \Delta W_{on} + \Delta W_{off}) f_{SW} \\ &= \Big\{ E_{on} I_{on} T_{on} + E_{off} I_{off} T_{off} \\ &\quad + (E_{off} I_{on} + 2E_{off} I_{off} + 2E_{on} I_{on} + E_{on} I_{off}) \\ &\quad \times \frac{\Delta T_{on} + \Delta T_{off}}{6} \Big\} f_{SW} \end{aligned} \tag{4.6}$$

電力用半導体素子では，通常 I_{off} は無視できるほど小さいので

$$P_{loss} = \left\{ E_{on} I_{on} T_{on} + (E_{off} I_{on} + 2E_{on} I_{on}) \frac{\Delta T_{on} + \Delta T_{off}}{6} \right\} f_{SW} \tag{4.7}$$

となる．さらに，E_{on} も無視すると次式が得られる．

$$P_{loss} = E_{off} I_{on} \frac{\Delta T_{on} + \Delta T_{off}}{6} f_{SW} \tag{4.8}$$

スイッチング時間は通常非常に短いので，1 回のスイッチングで発生する損失は小さいが，スイッチング周波数が高くなるとスイッチング損失は無視できなくなる．

本章のまとめ

- 電力用半導体素子を機能で分類すると，非可制御デバイス，オン機能可制御デバイス，オン・オフ機能可制御デバイスの 3 種類がある．
- 実際のデバイスに使用される半導体には，p 形半導体と n 形半導体がある．
- ダイオードは pn の 2 層構造で，アノード A，カソード K の 2 端子をもち，外部回路の状態でその導通，非導通が決まる非可制御デバイスである．
- バイポーラトランジスタ，MOSFET，IGBT，GTO は，それぞれ構造は異なるが，3 端子をもち，ゲート電圧やベース電流によるオン・オフ機能可制御デバイスである．バイポーラトランジスタは MOSFET や IGBT に置き換わりつつある．

- 逆阻止サイリスタはpnpnの4層構造で，アノードA，カソードK，ゲートGの3端子をもち，ゲート制御信号によるオン機能可制御デバイスである．
- 容量は，優れている順にサイリスタ，GTO，IGBT，MOSFETである．スイッチング周波数は，優れている順にMOSFET，IGBT，GTO，サイリスタである．
- 実際のスイッチングデバイスの損失には，主としてオン時の電圧降下による損失とスイッチング損失がある．スイッチング周波数が高くなるとスイッチング損失は無視できなくなる．

演習問題

4.1　パワーエレクトロニクスで用いられる電力用半導体素子は，機能的に3種類に分類される．それらの違いについてまとめなさい．

4.2　①～⑰それぞれから適切な言葉を選択しなさい．ただし，複数選択する場合もある．

サイリスタとは，一般に（①トライアック，逆阻止3端子サイリスタ，GTO）を指す．pnpnの4層構造をしており，3端子には（②アノード（陽極），コレクタ，カソード（陰極），ソース，ゲート，ベース）がある．アノード－カソード間に順電圧を印加した状態で，（③ゲート，ベース）に電流を与えるとオフ状態からオン状態になる．オン状態でゲート電流を取り去ると，アノード電流は（④持続する（流れ続ける），流れなくなる）．アノード－カソード間に（⑤順電圧，逆電圧）を一定時間以上印加したとき電流は（⑥消滅する（流れなくなる），流れ続ける）．

バイポーラトランジスタは（⑦1，2）種類のキャリアがその動作に関与するトランジスタで，3端子として（⑧アノード，コレクタ，カソード，エミッタ，ゲート，ベース）をもつ．（⑨ベース電流，ゲート電圧）により，オンからオフ，オフからオンの双方向に制御できるデバイスである．

MOSFETは（⑩1，2）種類のキャリアがその動作に関与するトランジスタで，（⑪ユニポーラ，モノポーラ）トランジスタともよばれる．3端子として（⑫ドレイン，コレクタ，エミッタ，ソース，ゲート，ベース）をもつ．（⑬ゲート－ソース間の電圧，ベース電流）により，オンからオフ，オフからオンの双方向に制御できるデバイスである．

IGBTは（⑭MOSFET，バイポーラトランジスタ）を入力側とし，（⑮MOSFET，バイポーラトランジスタ）を出力側とする構造のトランジスタである．3端子として（⑯アノード，コレクタ，カソード，エミッタ，ゲート，ベース）をもつ．（⑰ベース電流，ゲート－エミッタ間の電圧）により，オンからオフ，オフからオンの双方向に制御できるデバイスである．

4.3　問図 4.1 (a) の回路において，ダイオードの特性を以下とし，$E = 5\ \mathrm{V}$，$R = 1\ \Omega$ とする．

$$V < 0.6 \text{のとき：} I = 0$$
$$V > 0.6 \text{のとき：} I = 10(V - 0.6)$$

(1) R に流れる電流を求めなさい．

(2) ダイオードの特性が理想のときの電流を求めなさい．

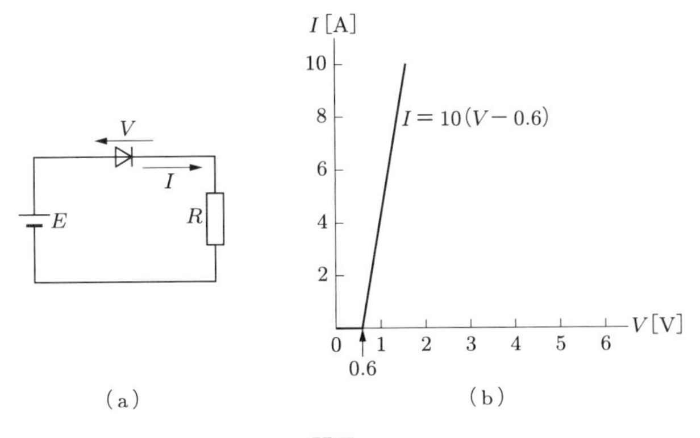

問図 4.1

4.4　式 (4.4) を導出しなさい．

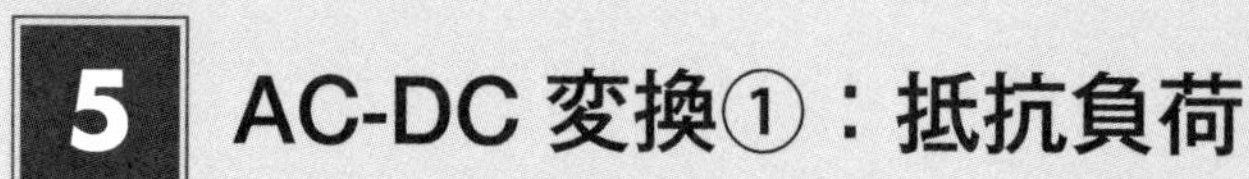

5 AC-DC 変換①：抵抗負荷

パワーエレクトロニクス回路では，半導体素子のオン，オフによって電流の流れが変わる．そのため，回路の動作を理解するには，各部分の電圧，電流の時間波形を描く必要がある．本章では，ダイオードあるいはサイリスタを用いた AC-DC 変換回路（整流回路）について，抵抗負荷時の場合を説明する．

5.1 整流回路

交流（AC）を直流（DC）に変換することを整流あるいは順変換とよび，AC-DC 変換を行う回路を**整流回路**とよぶ．整流回路には多くの回路方式がある．

- **他励式整流回路**：ダイオードやサイリスタを用いた整流回路．第 4 章で説明したように，ダイオードは非可制御デバイスで，サイリスタはオン機能可制御デバイスであるので，この回路では，オフして電流の流れを切り換えるために，外部回路の電源電圧を利用する．他励式整流回路には，ダイオードを用いる方式，サイリスタを用いる方式，ダイオードとサイリスタの両方を用いる混合ブリッジ整流回路がある．
- **自励式整流回路**：自己消弧形デバイス（オン，オフ機能可制御デバイス）を用いて電流の流れを切り換える整流回路．自励式整流回路の代表的なものは，PWM 整流回路である．この回路は，交流側の電流に含まれる高調波成分を低減することが可能である．
- **複合整流回路**：入力電流の高調波成分を低減し，式 (3.11) で示した総合力率 PF を改善する整流回路．ダイオード整流回路と後述する DC-DC 変換回路を組み合わせた力率改善回路（PFC，Power Factor Correction）などがある．

また，電源の相数によって，単相整流回路と三相整流回路に分けることができる．本章では，整流回路の基本である他励式整流回路について説明する．

5.2 ダイオードを用いた整流回路

5.2.1 単相半波ダイオード整流回路

図 5.1 に**単相半波整流回路**の回路構成を示す.

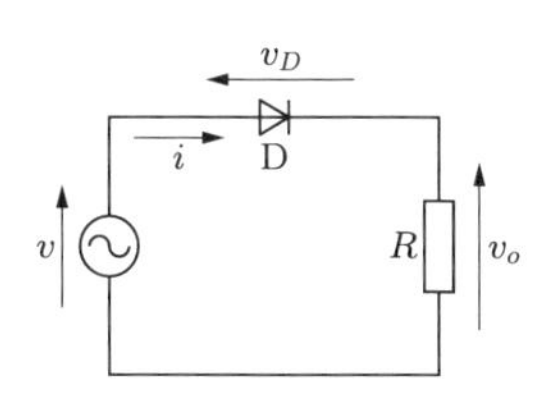

図 5.1 単相半波整流回路

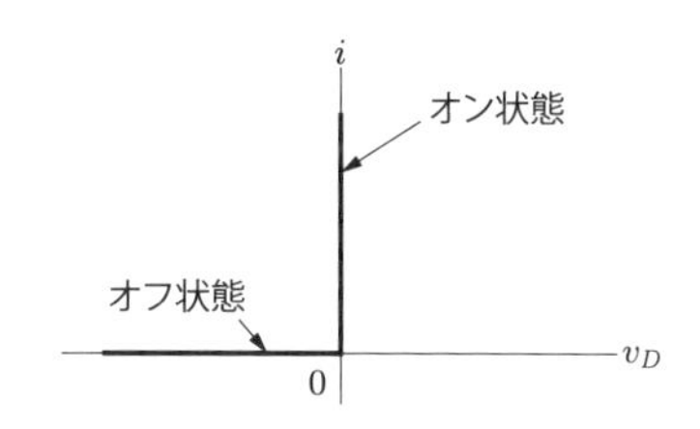

図 5.2 ダイオードの理想化した特性

▶回路の動作

ダイオードは，陰極より陽極の電位が高いとき，つまり $v_D > 0$ のときオンして電流が流れ，$v_D < 0$ のときはオフして電流が流れない．そして，オンのときダイオードの電圧降下は 0 V となるが，電流の値は図 5.2 に示したダイオードの特性からはわからず，外部回路によって決まる．また，オフのときダイオードに流れる電流は 0 A となるが，v_D の値はダイオードの特性からはわからず，外部回路によって決まる．

ダイオードのオン，オフ状態を調べる際は，ダイオードがオンしていない，つまりダイオードに電流が流れないと仮定する．そして，v_D が正ならばダイオードはオンし，負ならばオフするので，電流の流れる回路が決まる．

▶電源電圧が正のとき

図 5.1 より，キルヒホッフの電圧則を用いると，v_D は次式となる．

$$v_D = v - Ri \tag{5.1}$$

ダイオードのオン，オフ状態を調べるために電流 $i = 0$ と仮定すると $v_D = v$ となり，電源電圧 v が正のときは D の陽極電位は陰極電位より高くなり，D はオンしなければならない．オンすると D の電圧降下は 0 V となる．

出力電圧 v_o については，回路から次の二つの式のいずれかで求めることができる．

$$v_o = Ri \tag{5.2}$$

$$v_o = v - v_D \tag{5.3}$$

ダイオードの特性より，オン時の v_D は 0 V と与えられるが，電流 i は与えられないので，式 (5.3) を用いて v_o を求めると

$$v_o = v - v_D = v \tag{5.4}$$

となる．したがって，出力電圧波形は**図 5.3** の期間①のようになる．

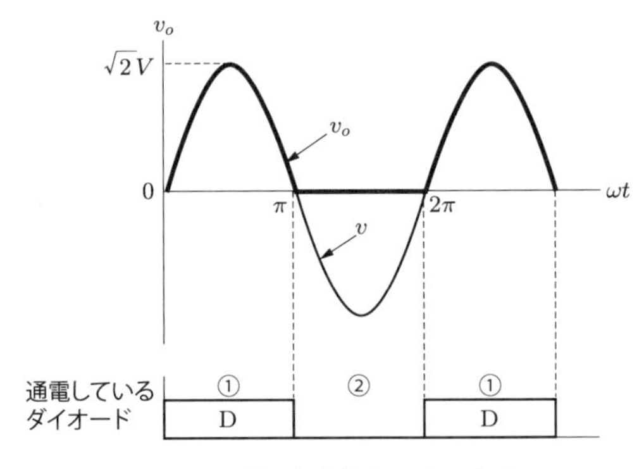

図 5.3　単相半波整流回路の波形

▶電源電圧が負のとき

電源電圧 v が負のときは D の陽極電位は陰極電位より低くなり，D はオフとなる．D がオフ時の v_D は特性からはわからないので，式 (5.3) を用いて v_o を求めることはできないが，式 (5.2) より求めることができ，0 V となる．したがって，出力電圧波形は図 5.3 の期間②のようになる．この期間，D の両端の電圧は電源電圧 v となる．

図 5.3 のように，電源電圧の半波のみを利用する整流回路を**半波整流回路**とよぶ．出力電圧 v_o の平均値 V_{ave} は，波形が半分であることを考慮すると，式 (3.2) を用いて次式となる．

$$V_{ave} = \frac{1}{2\pi}\int_0^{2\pi} v_o(\theta)\,d\theta = \frac{1}{2\pi}\int_0^{\pi} \sqrt{2}V \sin\theta\,d\theta = \frac{\sqrt{2}V}{\pi} \tag{5.5}$$

5.2.2　三相半波ダイオード整流回路

図 5.4 に**三相半波整流回路**の回路構成を示す．この回路で，u 相，v 相，w 相の交流電圧 v_u，v_v，v_w は次式で与えられるとする．

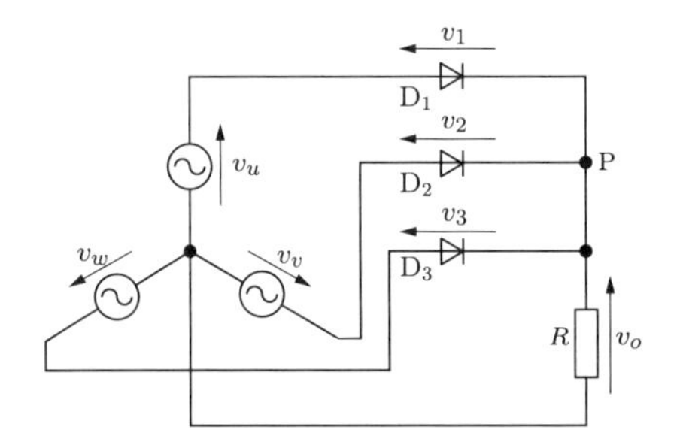

図 5.4　三相半波整流回路

$$v_u = \sqrt{2}V\sin\omega t, \qquad v_v = \sqrt{2}V\sin\left(\omega t - \frac{2\pi}{3}\right)$$
$$v_w = \sqrt{2}V\sin\left(\omega t - \frac{4\pi}{3}\right) \tag{5.6}$$

▶回路の動作

出力電圧 v_o は**図 5.5** の太い実線のようになる．ダイオードのオン，オフ状態を単相半波ダイオード整流回路と同様に考える．たとえば，図 5.5 の θ_1 時点を考える．キルヒホッフの電圧則を用いると，v_1，v_2，v_3 は

$$v_1 > 0, \qquad v_2 < 0, \qquad v_3 > 0 \tag{5.7}$$

となるので，D_1 および D_3 がオンする可能性がある．D_3 がオンすると仮定すると，P 点の電位は v_w になる．この場合，図 5.5 の θ_1 時点での v_1 は

$$v_1 = v_u - v_w > 0 \tag{5.8}$$

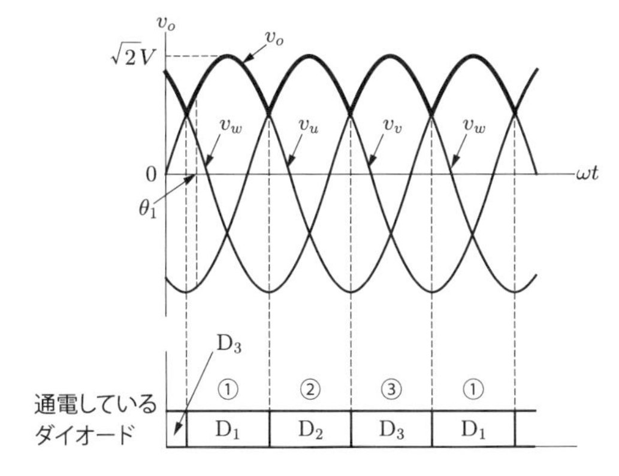

図 5.5　三相半波整流回路の波形

となるため，D_1 はオンする．そして，D_1 がオンすると D_3 の電圧 v_3 は

$$v_3 = v_w - v_u < 0 \tag{5.9}$$

となり，オフしなければならず，結局 D_1 のみがオンする．つまり，図 5.4 では三つのダイオードの陰極が共通になっているので，陽極電位の最も高いダイオードがオンする．陽極電位の最も高いダイオードがオンした場合，ほかのダイオードには逆電圧が印加されるためにオンしない．

- 期間①：上述の考えに基づくと，u 相の電位が最も高いので P 点の電位は u 相の電位と等しくなり，出力電圧 v_o は v_u となる．そして電流は $v_u \to D_1 \to R \to v_u$ の回路のみに流れる．
- 期間②：v 相の電位が最も高いので P 点の電位は v 相の電位と等しくなり，出力電圧 v_o は v_v となる．そして電流は $v_v \to D_2 \to R \to v_v$ の回路のみに流れる．
- 期間③：同様に w 相の電位が最も高いので P 点の電位は w 相の電位と等しくなり，出力電圧 v_o は v_w となる．そして電流は $v_w \to D_3 \to R \to v_w$ の回路のみに流れる．

出力電圧 v_o の平均値 V_{ave} は，式 (3.2) を用いて次式となる．

$$\begin{aligned} V_{ave} &= \frac{1}{2\pi}\int_0^{2\pi} v_o(\theta)\,d\theta = \frac{1}{2\pi/3}\int_{\pi/6}^{5\pi/6} \sqrt{2}V\sin\theta\,d\theta \\ &= \frac{3\sqrt{2}V}{2\pi}[-\cos\theta]_{\pi/6}^{5\pi/6} = \frac{3\sqrt{2}V}{2\pi}\sqrt{3} = \frac{3\sqrt{6}V}{2\pi} \end{aligned} \tag{5.10}$$

5.2.3　単相全波ダイオード整流回路

図 5.6 に**単相全波整流回路**の回路構成を示す．D_1 と D_2 では陰極が共通になっているので，陽極電位が高いほうのダイオードがオンする．D_1 と D_2 は電源電圧の両端に接続されているので，電源電圧が正のとき D_1 がオンし，負のとき D_2 がオンする．また，D_3 と D_4 では陽極が共通になっているので，陰極電位が低いほうのダイオードがオンする．D_3 と D_4 は電源電圧の両端に接続されているので，電源電圧が正のとき D_4 がオンし，負のとき D_3 がオンする．

出力電圧 v_o は図 5.7 の太い実線のようになる．

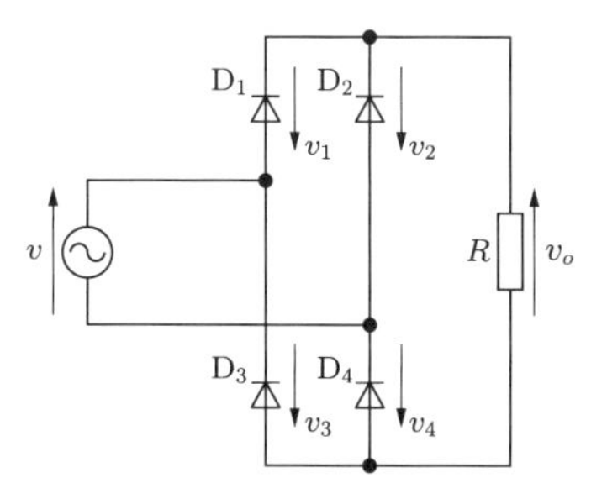

図 5.6　単相全波整流回路

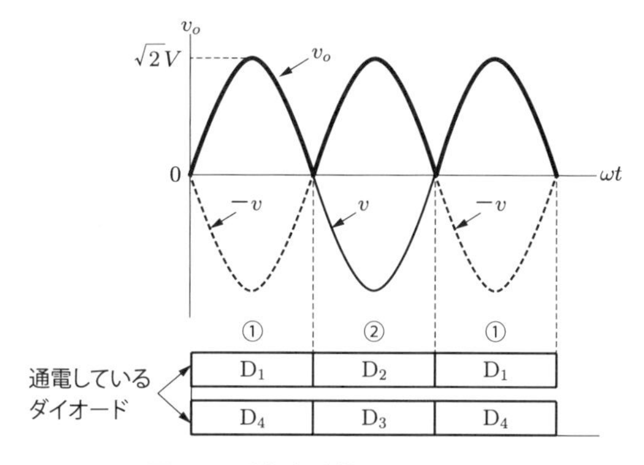

図 5.7　単相全波整流回路の波形

- 期間①：電源電圧 v が正なので，D_1 と D_4 がオンし，電流は $v \to D_1 \to R \to D_4 \to v$ の回路を流れる．R の電流は図において上から下に向かって流れることがわかる．したがって，v_o は正の値となる．
- 期間②：電源電圧 v が負なので，D_2 と D_3 がオンし，電流は $v \to D_2 \to R \to D_3 \to v$ の回路を流れる．この期間でも，R の電流は図において上から下に向かって流れることがわかる．したがって，この期間でも v_o は正の値となる．

細い実線で示された電源電圧に対して，D_1 と D_4，D_2 と D_3 が交互にオンして電流が流れ，出力電圧 v_o は太い実線のようになる．このように，電源電圧の正の半波だけでなく，負の半波も整流して出力する整流回路を**全波整流回路**とよぶ．出力電圧 v_o の平均値 V_{ave} は，式 (3.2) を用いて次式となる．

$$V_{ave} = \frac{1}{2\pi}\int_0^{2\pi} v_o(\theta)\,d\theta = \frac{2}{2\pi}\int_0^{\pi} \sqrt{2}V\sin\theta\,d\theta = \frac{2\sqrt{2}V}{\pi} \quad (5.11)$$

単相全波整流回路は負の半波も整流するので，式 (5.5) で示される単相半波整流回路の 2 倍の値となる．

5.2.4　三相全波ダイオード整流回路

図 5.8 に**三相全波整流回路**の回路構成を示す．D_1，D_2，D_3 では陰極が共通になっているので，陽極電位の最も高いダイオードがオンする．また，D_4，D_5，D_6 では陽極が共通になっているので，陰極電位の最も低いダイオードがオンする．

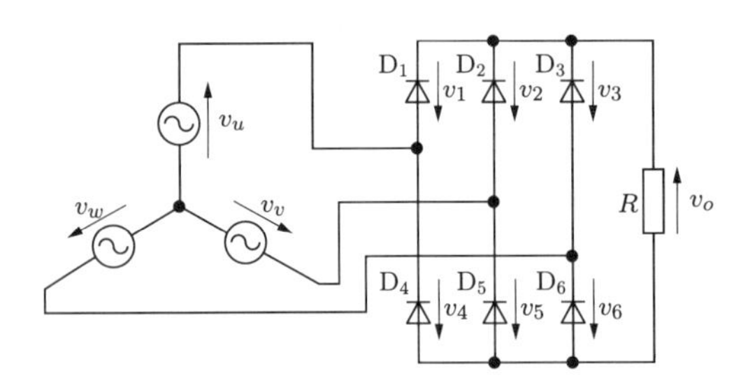

図 5.8　三相全波整流回路

出力電圧 v_o は図 5.9 の太い実線のようになる．期間①では u 相の電位が最も高く v 相の電位が最も低いので，D_1 と D_5 がオンする．同様に，期間②～⑥でもオン，オフを繰り返すことで電流が流れる．出力電圧 v_o の平均値 V_{ave} は式 (5.10) の 2 倍となる．

$$V_{ave} = \frac{3\sqrt{6}V}{\pi} \tag{5.12}$$

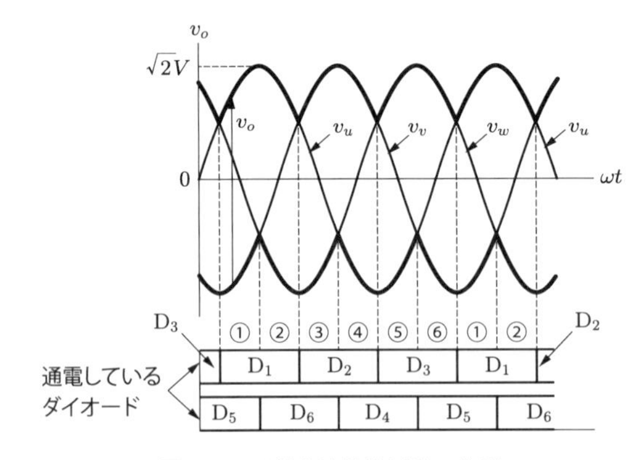

図 5.9　三相全波整流回路の波形

5.3 サイリスタを用いた整流回路

5.3.1 単相半波サイリスタ整流回路

図 5.1 において，ダイオード D をサイリスタ Th に置き換えた回路を**単相半波サイリスタ整流回路**とよぶ．4.4 節で説明したように，サイリスタはゲート電流を流したときダイオードになり，電流が一度ゼロになると，リセットされて次のゲート電流が流されるまでダイオードにならない素子として扱うことができる．

出力電圧 v_o が図 5.10 の太い実線のようになる．

- 期間①：電源電圧が負から正に変わる点（ゼロクロス点）を検出し，$\omega t = \alpha$（$0 \leq \alpha \leq \pi$）でサイリスタ Th にゲート電流を流す場合，Th は $\alpha \leq \omega t \leq \pi$ の期間オンして，電流は $v \to \mathrm{Th} \to R \to v$ のように流れる．ダイオードのときと同様に，出力電圧 v_o は電源電圧 v と等しくなる．
- 期間②：サイリスタには逆方向の電流は流れないので，Th はオフする．その結果 $v_o = 0$ となる．
- 期間③：Th にゲート電流が流れていないので，Th に順電圧がかかっていても Th はオンしない．その結果 $v_o = 0$ のままである．

出力電圧 v_o の平均値 V_{ave} は次式となる．

$$V_{ave} = \frac{1}{2\pi}\int_0^{2\pi} v_o(\theta)\, d\theta = \frac{1}{2\pi}\int_\alpha^{\pi} \sqrt{2}V \sin\theta\, d\theta = \frac{\sqrt{2}V}{\pi}\frac{1+\cos\alpha}{2} \tag{5.13}$$

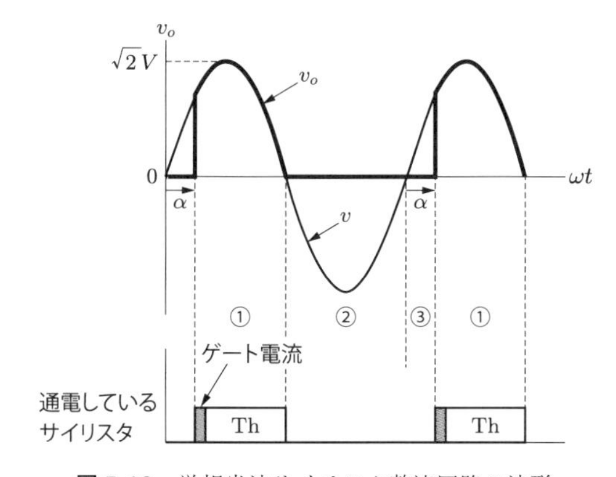

図 5.10　単相半波サイリスタ整流回路の波形

式 (5.13) からわかるように，α を変化させることによって，直流電圧の平均値をダイオードの場合の $\sqrt{2}V/\pi$ から 0 まで連続的に調整することができる．このため，サイリスタを用いた整流回路を**サイリスタ整流回路**ともよぶ．また，α は**点弧角**あるいは**制御角**とよぶ．

5.3.2　三相半波サイリスタ整流回路

図 5.4 において，ダイオード D をサイリスタ Th に置き換えた回路を**三相半波サイリスタ整流回路**とよぶ．線間電圧（$v_{uw} = v_u - v_w$，$v_{vu} = v_v - v_u$，$v_{wv} = v_w - v_v$）のゼロクロス点を検出し，$\omega t = \alpha$（ゼロクロス点からの角度）で三つのサイリスタ Th_1，Th_2，Th_3 に順番にゲート電流を流す．

出力電圧 v_o は**図 5.11** の太い実線のようになる．

- 期間①：線間電圧 v_{uw}（$= v_u - v_w$）のゼロクロス点から角度 α で Th_1 にゲート電流を流す．u 相電位が最も高いので，ゲート電流を流すと Th_1 はオンする．オンすると，ダイオードのときと同様に，電流は $v_u \to \mathrm{Th}_1 \to R \to v_u$ の回路のみに流れ，出力電圧 v は u 相電圧 v_u と等しくなる．$\omega t > 5\pi/6$ で u 相電圧より v 相電圧のほうが高くなるが，Th_2 にゲート電流が流れていないので Th_1 は導通し続ける．
- 期間②：線間電圧 v_{vu}（$= v_v - v_u$）のゼロクロス点から角度 α で Th_2 にゲート電流を流す．v 相電位が最も高いので，ゲート電流を流すと Th_2 はオンする．そして，電流は $v_v \to \mathrm{Th}_2 \to R \to v_v$ の回路のみに流れる．

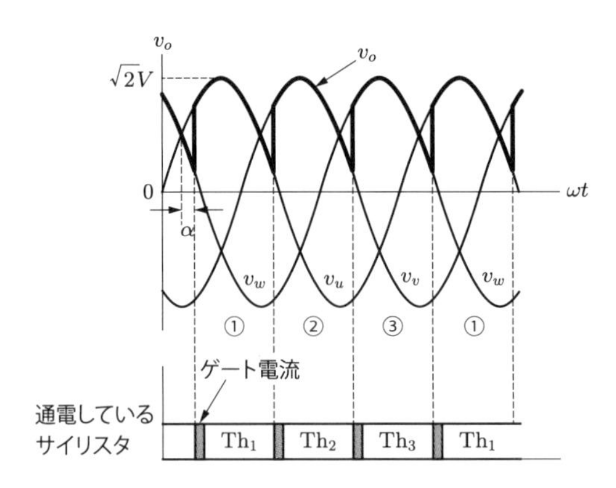

図 5.11　三相半波サイリスタ整流回路の波形（$0 \leq \alpha < \pi/6$ の場合）

- 期間③：線間電圧 v_{wv}（$= v_w - v_v$）のゼロクロス点から角度 α で Th_3 にゲート電流を流す．w 相電位が最も高いので，ゲート電流を流すと Th_3 はオンする．そして，電流は $v_w \to Th_3 \to R \to v_w$ の回路のみに流れる．

出力電圧 v_o の平均値 V_{ave} は次式となる．

$$V_{ave} = \frac{1}{2\pi}\int_0^{2\pi} v_o(\theta)\,d\theta = \frac{1}{2\pi/3}\int_{\pi/6+\alpha}^{5\pi/6+\alpha} \sqrt{2}V \sin\theta\,d\theta$$
$$= \frac{3\sqrt{6}V}{2\pi}\cos\alpha \tag{5.14}$$

ここで，$\alpha > \pi/6$ の場合，注意が必要である．図 5.11 から容易に推測できるように，$\alpha > \pi/6$ の場合，出力電圧 v_o が負になる期間が出てくる．サイリスタには逆方向の電流を流すことができないので，サイリスタはオフして出力電圧 v_o は 0 になる．したがって，出力電圧 v_o は**図 5.12** の太い実線のようになる．

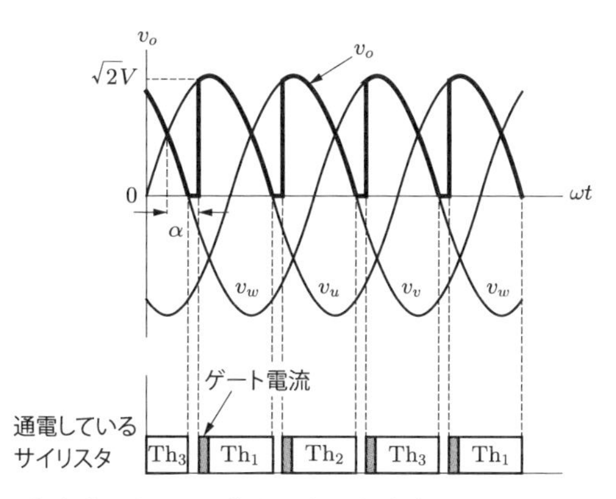

図 5.12　三相半波サイリスタ整流回路の波形（$\pi/6 \leq \alpha < 5\pi/6$ の場合）

出力電圧 v_o の平均値 V_{ave} は次式となる．

$$V_{ave} = \frac{1}{2\pi}\int_0^{2\pi} v_o(\theta)\,d\theta = \frac{1}{2\pi/3}\int_{\pi/6+\alpha}^{\pi} \sqrt{2}V \sin\theta\,d\theta$$
$$= \frac{3\sqrt{6}V}{2\pi}\frac{1+\cos(\pi/6+\alpha)}{\sqrt{3}} \tag{5.15}$$

5.3.3 単相全波サイリスタ整流回路

図 5.6 において，ダイオード D をサイリスタ Th に置き換えた回路を**単相全波サイリスタ整流回路**とよぶ．線間電圧のゼロクロス点を検出し，$\omega t = \alpha$（ゼロクロス

点からの角度）で Th_1 と Th_4 にゲート電流を流し，$\omega t = \pi + \alpha$ で Th_2 と Th_3 にゲート電流を流す.

出力電圧 v_o は図 5.13 の太い実線のようになる.

- 期間①：Th_1 と Th_4 がオンし，電流は電源 → Th_1 → R → Th_4 → 電源の経路で流れる.
- 期間②：サイリスタがオフし，電流は流れない.
- 期間③：Th_2 と Th_3 がオンし，電流は電源 → Th_2 → R → Th_3 → 電源の経路で流れる.
- 期間④：サイリスタがオフし，電流は流れない.

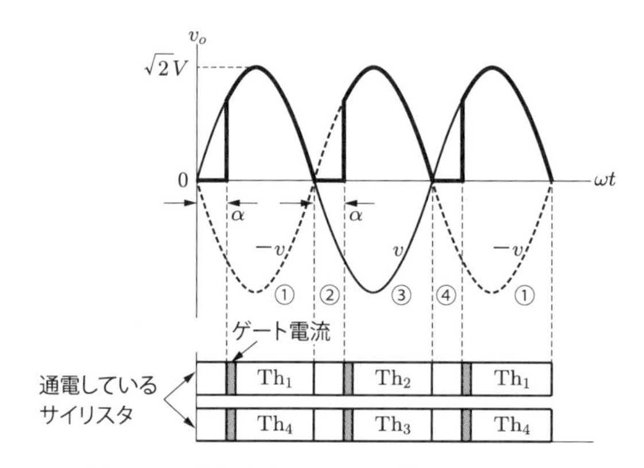

図 5.13　単相全波サイリスタ整流回路の波形

v_o の平均値 V_{ave} は次式となる.

$$V_{ave} = \frac{1}{2\pi}\int_0^{2\pi} v_o(\theta)\,d\theta = \frac{2}{2\pi}\int_\alpha^{\pi} \sqrt{2}V\sin\theta\,d\theta = \frac{2\sqrt{2}V}{\pi}\frac{1+\cos\alpha}{2} \tag{5.16}$$

5.3.4　三相全波サイリスタ整流回路

図 5.8 において，ダイオード D をサイリスタ Th に置き換えた回路を**三相全波サイリスタ整流回路**とよぶ．線間電圧のゼロクロス点を検出し，$\omega t = \alpha$（ゼロクロス点からの角度）で二つずつのサイリスタに順番にゲート電流を流す.

出力電圧 v_o は図 5.14 の太い実線間の電圧のようになり，v_o の平均値 V_{ave} は次式となる.

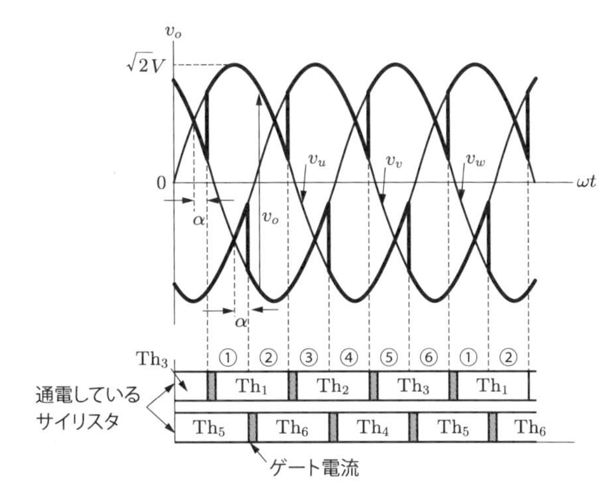

図 5.14　三相全波サイリスタ整流回路の波形（$0 \leq \alpha < \pi/3$ の場合）

$$V_{ave} = \frac{1}{\pi/3}\int_{\pi/6+\alpha}^{3\pi/6+\alpha}(v_u - v_v)\,d\theta = \frac{3\sqrt{6}V}{\pi}\cos\alpha \tag{5.17}$$

ここで，$\alpha > \pi/3$ の場合，注意が必要である．図 5.14 から容易に推測できるように，$\alpha > \pi/3$ の場合，出力電圧 v_o が負になる期間が出てくる．サイリスタには逆方向の電流を流すことができないので，サイリスタはオフして出力電圧 v_o は 0 になる．この場合，サイリスタを再点弧するには，二つのサイリスタにゲート電流を再び流さなければならない．したがって，出力電圧 v_o は図 5.15 の太い実線間の電

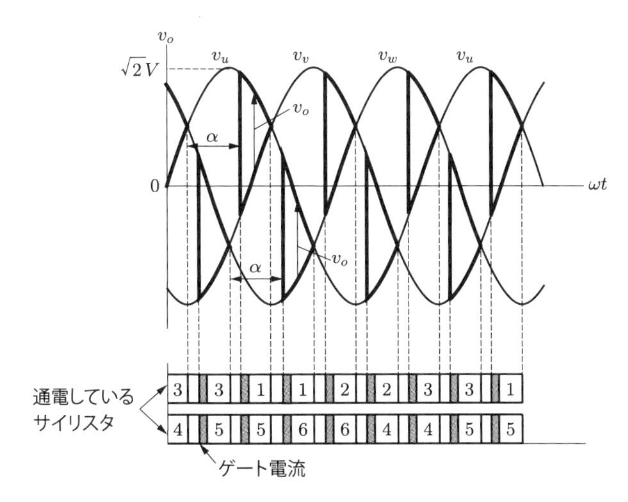

図 5.15　三相全波サイリスタ整流回路の波形（$\pi/3 \leq \alpha < 2\pi/3$ の場合）

圧のようになり，v_o の平均値 V_{ave} は次式となる．

$$
\begin{aligned}
V_{ave} &= \frac{1}{\pi/3}\int_{\pi/6+\alpha}^{5\pi/6}(v_u - v_v)\,d\theta \\
&= \frac{\sqrt{2}V}{\pi/3}\left\{\left[-\cos\theta\right]_{\pi/6+\alpha}^{5\pi/6} + \left[-\cos\left(\theta - \frac{2\pi}{3}\right)\right]_{\pi/6+\alpha}^{5\pi/6}\right\} \\
&= \frac{3\sqrt{6}V}{\pi}\left\{1 + \cos\left(\frac{\pi}{3} + \alpha\right)\right\} \qquad (5.18)
\end{aligned}
$$

本章のまとめ

- 整流回路には，他励式，自励式，複合整流回路がある．基本は，ダイオードあるいはサイリスタを用いた他励式整流回路である．
- 複数のダイオードの陰極が共通の場合，陽極電位が最も高いダイオードのみがオンする．逆に，複数のダイオードの陽極が共通の場合，陰極電位が最も低いダイオードのみがオンする．
- サイリスタを用いた整流回路をサイリスタ整流回路とよび，点弧角で出力電圧を制御することができる．

演習問題

5.1　**問図 5.1** の三相全波整流回路において，v 相電圧 v_v に付いたヒューズが切れたときの出力電圧 v_o の波形を求めなさい．ただし，v_u，v_v，v_w の実効値を V とする．

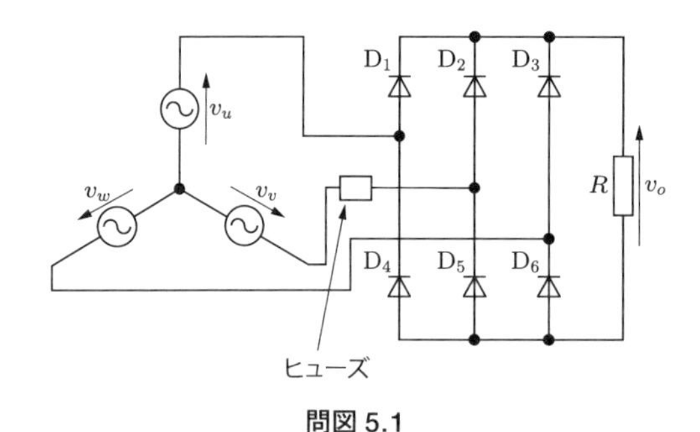

問図 5.1

5.2　単相全波サイリスタ整流回路において，入力電圧実効値 100 V，抵抗 10 Ω，点弧角 $\alpha = \pi/4$ のときの入力電圧波形，出力電圧波形，出力電流波形，入力電流（電源電流）波形を描きなさい．

5.3　演習問題 5.2 の場合の平均出力電圧，出力電力を求めなさい．

5.4　単相全波サイリスタ整流回路において，点弧角 α と平均出力電圧の関係をグラフにしなさい．

5.5　三相全波サイリスタ整流回路において，入力相電圧実効値 100 V，抵抗 10 Ω，点弧角 $\alpha = \pi/9$ のときの各相の入力電圧波形，出力電圧波形，出力電流波形，入力電流（電源電流）波形を描きなさい．

5.6　三相全波サイリスタ整流回路において，点弧角 α と平均出力電圧の関係をグラフにしなさい．

6 AC-DC 変換②：誘導性負荷

前章では，AC-DC 変換回路のうち，抵抗負荷の他励式整流回路について説明した．抵抗負荷の場合，出力電流は出力電圧を抵抗で割った値であり，その波形は出力電圧波形と同じになる．しかし，インダクタンス成分も含む誘導性負荷の場合には，出力電流波形は出力電圧波形と異なる．本章では，インダクタの基本的な性質を説明し，誘導性負荷時の AC-DC 変換回路の動作を説明する．

6.1 インダクタの作用

インダクタ（コイルあるいはリアクトル）について，まず基本的な性質を復習しよう．図 6.1 に示すインダクタンス L のインダクタの電圧 v_L と電流 i_L の関係は次式となる．

$$v_L = L\frac{di_L}{dt} \tag{6.1}$$

上式両辺の 1 周期の積分をとると，

$$\int_t^{t+T} v_L\,dt = L\{i_L(t+T) - i_L(t)\} \tag{6.2}$$

となる．ここで，i_L が周期 T の繰り返し波形の場合，$i_L(t+T) = i_L(t)$ であるから，次式が得られる．

$$\int_t^{t+T} v_L\,dt = 0 \tag{6.3}$$

まとめると，インダクタの電流が周期 T の繰り返し波形の場合，繰り返し周期ごとの電圧の積分は 0 となる．したがって，繰り返し周期ごとの電圧の平均値も 0 となる．また，インダクタの**磁束鎖交数** Φ は $\Phi = Li_L$ の関係があるので，繰り返し

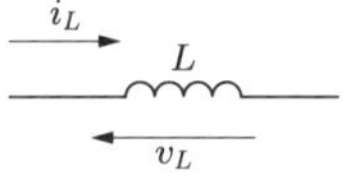

i_L L v_L

図 6.1　インダクタンス L のインダクタ

周期ごとの増加分と減少分は等しくなる．これがパワーエレクトロニクス回路におけるインダクタの重要な性質である．

6.2 単相半波整流回路

図 6.2 に示す，RL 直列の誘導性負荷の単相半波整流回路を考える．サイリスタ Th がオンしているときの回路方程式は次式で表せる．

$$v = \sqrt{2}V \sin \omega t = L\frac{di_d}{dt} + Ri_d \tag{6.4}$$

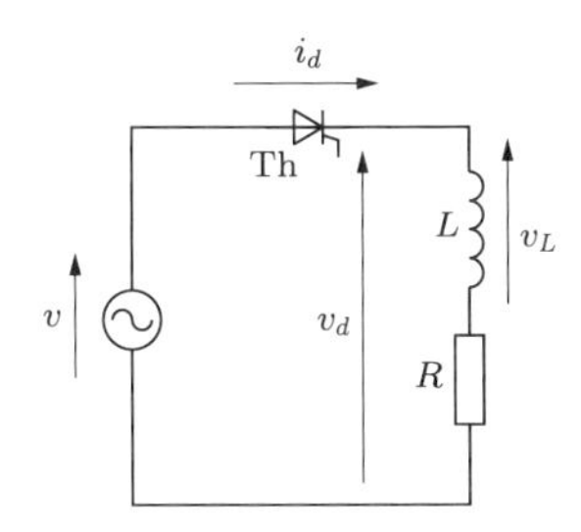

図 6.2　単相半波サイリスタ整流回路（誘導性負荷時）

6.2.1 回路方程式の解法

サイリスタを点弧角 α で点弧したときの式 (6.4) の回路方程式の解は，式 (6.5) を解いて得られる過渡解と式 (6.6) を解いて得られる定常解の和で表される．

$$L\frac{di_1}{dt} + Ri_1 = 0 \tag{6.5}$$

$$L\frac{di_2}{dt} + Ri_2 = \sqrt{2}V \sin \omega t \tag{6.6}$$

過渡解については，微分しても係数を除いて関数形が変わらないので，i_1 は定数 A と p を用いて次式の指数関数で表すことができる．

$$i_1 = Ae^{p(t-\alpha/\omega)} \tag{6.7}$$

式 (6.7) を式 (6.5) に代入して

$$LpAe^{p(t-\alpha/\omega)} + RAe^{p(t-\alpha/\omega)} = A(Lp + R)e^{p(t-\alpha/\omega)} = 0 \tag{6.8}$$

を得る．この式が常に成立するためには，$Lp + R$ が 0，すなわち

$$p = -\frac{R}{L} \tag{6.9}$$

でなければならない．よって，過渡解は次式となる．

$$i_1 = Ae^{-(R/L)(t-\alpha/\omega)} \tag{6.10}$$

また，定常解は交流電気回路での扱いと同様に，式 (6.6) を複素数表示することで次式のように求められる．

$$i_2 = \frac{\sqrt{2}V}{\sqrt{R^2 + (\omega L)^2}} \sin(\omega t - \phi_1), \qquad \phi_1 = \tan^{-1}\frac{\omega L}{R} \tag{6.11}$$

$\omega t = \alpha$ のときに一般解 $i_d = i_1 + i_2$ が 0 となるという初期条件を代入すると，式 (6.4) の解が次式で得られる．

$$i_d = \frac{\sqrt{2}V}{\sqrt{R^2 + (\omega L)^2}} \{\sin(\omega t - \phi_1) - \sin(\alpha - \phi_1)e^{-(R/L)(t-\alpha/\omega)}\} \tag{6.12}$$

6.2.2　電圧，電流の性質

図 6.3 に，図 6.2 の回路の電圧，電流波形を示す．以下では，この図から，v_d，v_L，i_d の性質について考察してみる．

出力電圧 v_d は，インダクタの電圧降下 v_L と抵抗の電圧降下の和で次式となる．

$$v_d = v_L + Ri_d \tag{6.13}$$

$\omega t = \theta_2$ で $v_d = Ri_d$ となったとき，式 (6.13) より $v_L = 0$ となる．$v_L = L(di_d/dt) = 0$ より，i_d は $\omega t = \theta_2$ で最大となることがわかる．

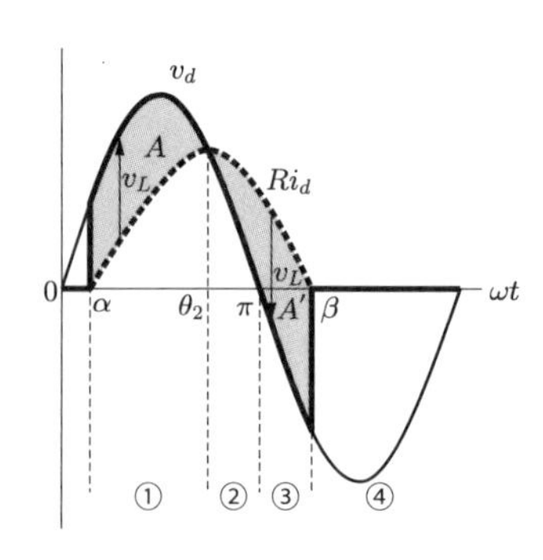

図 6.3　図 6.2 の回路の電圧，電流波形

次に，図 6.3 に示す v_L の積分である $A + A'$ を計算すると，

$$\begin{aligned} A + A' &= \int_{\alpha}^{\theta_2} v_L \, d\theta + \int_{\theta_2}^{\beta} v_L \, d\theta \\ &= \int_{\alpha/\omega}^{\theta_2/\omega} L \frac{di_d}{dt} \omega \, dt + \int_{\theta_2/\omega}^{\beta/\omega} L \frac{di_d}{dt} \omega \, dt \\ &= \omega L \int_{0}^{I_m} di_d + \omega L \int_{I_m}^{0} di_d = 0 \end{aligned} \tag{6.14}$$

となる．ここで，I_m は i_d の最大値を表す．式 (6.14) は，6.1 節で説明したように，定常状態においてインダクタ L に加わる電圧の繰り返し周期ごとの積分が 0 になることを示している．このように，$i_d = 0$ となる β でサイリスタがオフになり，そのときに A の面積と A' の面積が等しくなる．つまり，インダクタ L の磁束鎖交数の増減は以下のようになる．

- 期間①（$\alpha \leq \omega t < \theta_2$）：磁束鎖交数が増加する．
- 期間②と③（$\theta_2 \leq \omega t < \beta$）：磁束鎖交数が減少し，消弧角 β で 0 となる．
- 期間④（$\beta \leq \omega t < 2\pi + \alpha$ および $0 \leq \omega t < \alpha$）：サイリスタ Th がオフするので電流は流れない．

6.2.3 電力，エネルギーの性質

交流電源が供給する電力 vi_d（$= v_d i_d$）と R で消費される電力 Ri_d^2 を図 6.4 に示す．(供給電力) − (R での消費電力) の積分はインダクタ L の磁気エネルギーになる．定常状態においては，インダクタ L に蓄えられる磁気エネルギー B と放出される磁気エネルギー B' は等しくなければならない．つまり，磁気エネルギーの流れは以下のようになる．

- 期間①（$\alpha \leq \omega t < \theta_2$）：インダクタ L に電源から電力が供給され，磁気エネルギーが増加する．
- 期間②（$\theta_2 \leq \omega t < \pi$）：磁気エネルギーが抵抗 R に放出される．
- 期間③（$\pi \leq \omega t < \beta$）：磁気エネルギーの一部が抵抗 R に放出され，残りが交流電源に戻る．
- 期間④（$\beta \leq \omega t < 2\pi$ および $0 \leq \omega t < \alpha$）：サイリスタ Th がオフするので電流は流れない．

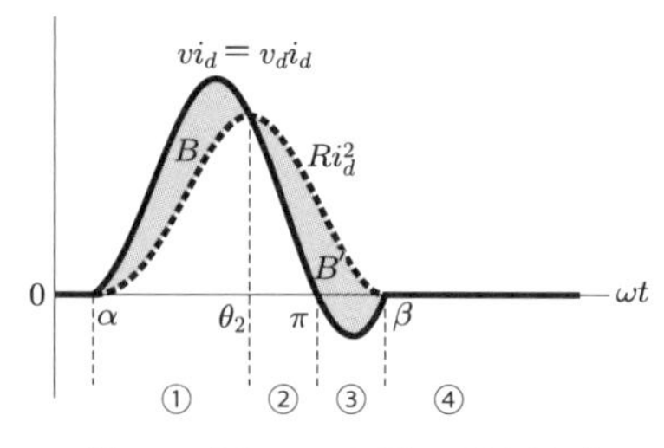

図 6.4　図 6.2 の回路の電力波形

6.3 環流ダイオード

前節の説明は時定数 L/R があまり大きくない場合である．RL 直列負荷において，L/R が大きくなると，i_d の立ち上がりが遅くなるため，i_d の最大値は小さくなり，β は増加し，i_d の導通期間が長くなる．その結果 v_d の平均値は小さくなり，図 6.2 の回路では直流出力が得られなくなる．

この問題を解決するために，図 6.2 にダイオードを追加した**図 6.5** を考える．また，点弧角が α で時定数 L/R が大きいときの図 6.5 の回路の波形を**図 6.6** に示す．なおこの波形は，交流電気回路での扱いと同様に，過渡現象が終了して，電圧，電流波形が繰り返し波形となったときの状態を示している．

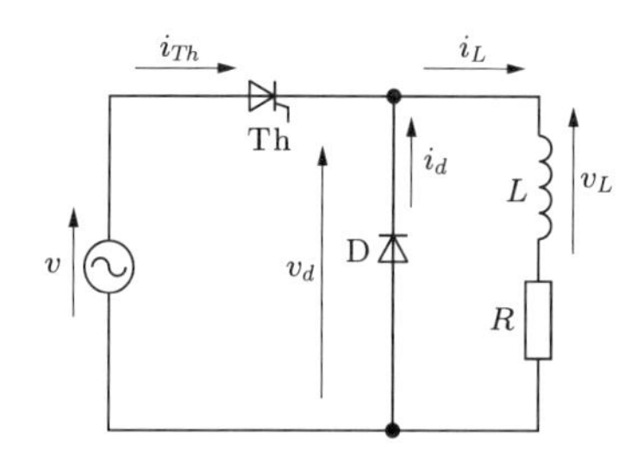

図 6.5　環流ダイオード付き単相半波サイリスタ整流回路（誘導性負荷時）

回路の動作は以下のようになる．

- 期間①（$\alpha \leq \omega t < \pi$）：電源電圧が正で Th がオンのとき，D には逆電圧が加わるので，電流が流れず，図 6.2 の回路と同じ動作になる．
- 期間②（$\pi \leq \omega t < 2\pi$）：電源電圧が負になると D には順電圧が加わるのでオンして電流 i_d が流れ，その順電圧降下は無視でき 0 V となる．その結果，Th には電源電圧が逆電圧として加わりオフする．このように，サイリスタの存在する回路からダイオードの存在する別の回路に電流が切り換わることを**転流**と

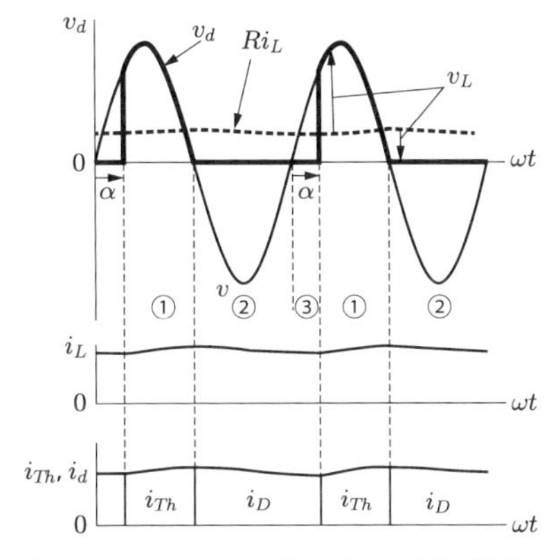

図 6.6　図 6.5 の回路の電圧，電流波形

よぶ．この回路では，転流は瞬時に行われて，転流後 i_L は $\mathrm{D} \to L \to R \to \mathrm{D}$ の回路で循環する．このように，電源を通さずに電流が回路内で循環することを環流といい，電流を環流させるためのダイオードを**環流ダイオード**とよぶ．

- 期間③ $(0 \leq \omega t < \alpha)$：Th にオン信号が来ていないので，期間②の状態が続く．

図 6.6 において，時定数 L/R が十分大きいとき，i_L は一定平滑な電流となる†1．出力電圧 v_d は図 5.10 と同じになるので，その平均値 V_{ave} は式 (5.13) と同様で次式となる．

$$V_{ave} = \frac{\sqrt{2}V}{\pi} \frac{1 + \cos\alpha}{2} \tag{6.15}$$

式 (6.15) からもわかるように，抵抗負荷時と同様に，点弧角 α を変化させることによって，直流電圧の平均値をダイオードの場合の $\sqrt{2}V/\pi$ から 0 まで連続的に調整することができる．また，6.1 節で説明したように，定常状態においてインダクタ L に加わる電圧 v_L の繰り返し周期ごとの積分は 0 になる．

6.4　単相全波サイリスタ整流回路

単相半波サイリスタ整流回路では環流ダイオードが必要であった．次に，**図 6.7** に示す誘導性負荷の単相全波サイリスタ整流回路ではどうなるか考えてみよう．点弧角が α で時定数 L/R が大きいときの波形を**図 6.8** に示す．なお，この波形は

†1 図 6.6 に示した波形は，電源の周波数が 50 Hz，時定数 $L/R = 0.1$ sec の場合をシミュレーションした結果なので，わずかに脈動が含まれている．

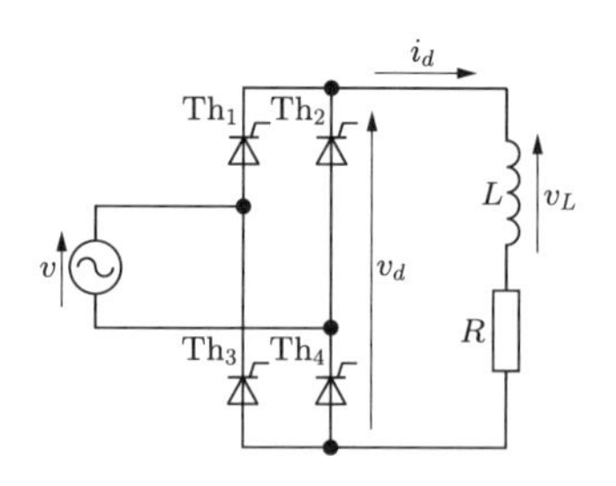

図 6.7　単相全波サイリスタ整流回路（誘導性負荷時）

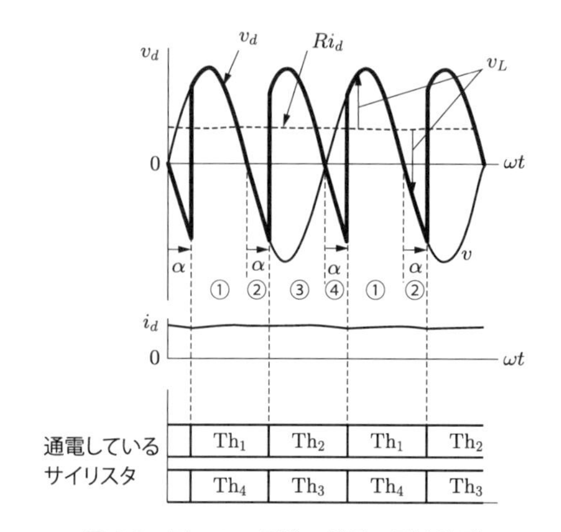

図 6.8　図 6.7 の回路の電圧，電流波形

過渡現象が終了して，電圧，電流波形が繰り返し波形となったときの状態を示している．

回路の動作は以下のようになる．

- 期間①（$\alpha \leq \omega t < \pi$）：電源電圧 v の正の期間において点弧角 α で $\mathrm{Th_1}$ と $\mathrm{Th_4}$ を点弧すると，電流は電源 → $\mathrm{Th_1}$ → L → R → $\mathrm{Th_4}$ → 電源の経路で流れる．
- 期間②（$\pi \leq \omega t < \pi + \alpha$）：出力電圧 v_d が負になったとき，インダクタ L のため電流は期間①と同じ経路を流れ続けようとする．このとき，$\mathrm{Th_2}$ の電圧を考えると，(電源電圧 v) + ($\mathrm{Th_1}$ の電圧降下) となるので，正の電圧が加わっている状態である．$\mathrm{Th_3}$ についても同様に正の電圧が加わっている．
- 期間③（$\pi + \alpha \leq \omega t < 2\pi$）：$\mathrm{Th_2}$ と $\mathrm{Th_3}$ に正の電圧が加わっている状態でゲート電流を流すと，$\mathrm{Th_2}$ と $\mathrm{Th_3}$ はオンしなければならない．$\mathrm{Th_2}$ がオンすると，$\mathrm{Th_1}$ には負である電源電圧 v が加わるのでオフして転流が行われる．$\mathrm{Th_3}$

についても同様で，Th_4 から Th_3 へ転流が行われる．そして，電流は電源 → $Th_2 \to L \to R \to Th_3 \to$ 電源の経路で流れる．

- 期間④（$2\pi \leq \omega t < 2\pi + \alpha$）：インダクタ L のため電流は期間③と同じ経路で流れ続けようとする．

図 6.8 において，時定数 L/R が十分大きいとき，i_d は一定平滑な電流となる[†2]．また，出力電圧 v_d の平均値 V_{ave} は次式となる．

$$V_{ave} = \frac{1}{2\pi}\int_0^{2\pi} v(\theta)\,d\theta = \frac{1}{\pi}\int_\alpha^{\pi+\alpha} \sqrt{2}V\sin\theta\,d\theta = \frac{2\sqrt{2}V}{\pi}\cos\alpha \tag{6.16}$$

式 (6.16) からもわかるように，抵抗負荷時と同様に，点弧角 α を変化させることによって，直流電圧の平均値を連続的に調整することができる．また，6.1 節で説明したように，定常状態においてインダクタ L に加わる電圧 v_L の繰り返し周期ごとの積分は 0 になる．

6.5 混合ブリッジ整流回路

図 6.7 のサイリスタのうち，二つをダイオードに置き換えた**混合ブリッジ整流回路**について説明する．右側二つを置き換えた場合を**図 6.9** (a) に，下側二つを置き換えた場合を図 (b) に示す．また，混合ブリッジ整流回路において，点弧角が α で時定数 L/R が大きいときの波形を**図 6.10** に示す．なお，この波形は過渡現象が終了して，電圧，電流波形が繰り返し波形となったときの状態を示している．

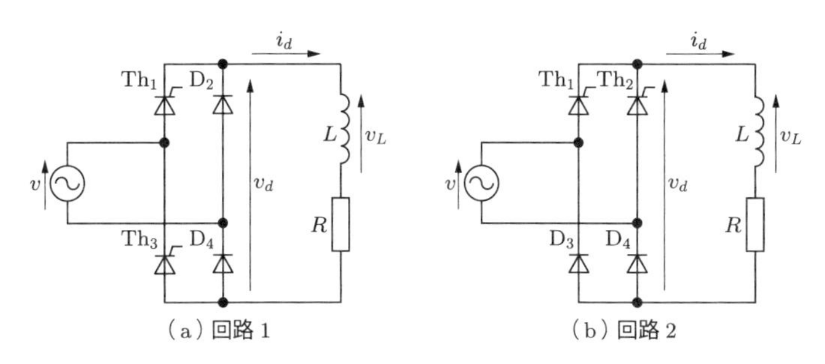

図 6.9 単相全波混合ブリッジ整流回路（誘導性負荷時）

†2 図 6.8 に示した波形も，電源の周波数が 50 Hz，時定数 $L/R = 0.1$ sec の場合のシミュレーション結果なので，わずかに脈動が含まれている．

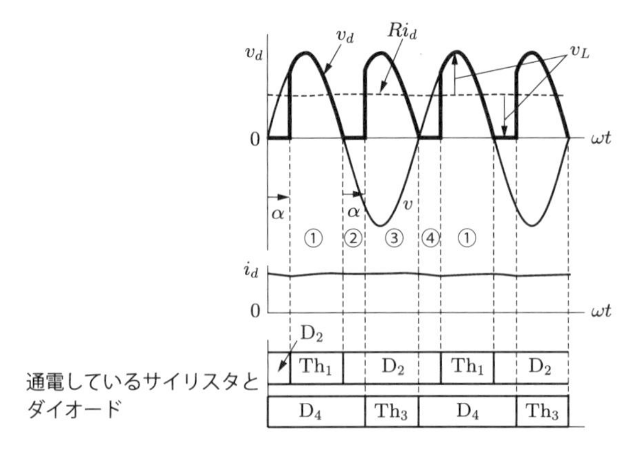

図 6.10　図 6.9 の回路の電圧，電流波形

図 6.9 (a) の回路の動作は以下のようになる．

- 期間①（$\alpha \leq \omega t < \pi$）：電源電圧 v の正の期間において点弧角 α で $\mathrm{Th_1}$ を点弧すると，電流は電源 → $\mathrm{Th_1}$ → L → R → $\mathrm{D_4}$ → 電源の経路で流れる．
- 期間②（$\pi \leq \omega t < \pi + \alpha$）：電源電圧 v が負になったときも，インダクタ L のため電流は流れ続けようとする．このとき，$\mathrm{D_2}$ の電圧を考えると，(電源電圧 v) + ($\mathrm{Th_1}$ の電圧降下) となるので，正の電圧が加わっている状態である．順電圧が加わるので $\mathrm{D_2}$ がオンし，負である電源電圧 v が加わるので $\mathrm{Th_1}$ はオフして，$\mathrm{Th_1}$ から $\mathrm{D_2}$ に転流が行われる．そして，電流は $\mathrm{D_2}$ → L → R → $\mathrm{D_4}$ → $\mathrm{D_2}$ の経路で流れる．
- 期間③（$\pi + \alpha \leq \omega t < 2\pi$）：$\mathrm{Th_3}$ には順電圧がかかっているので，点弧角 α で $\mathrm{Th_3}$ にゲート電流を流すと $\mathrm{Th_3}$ はオンする．$\mathrm{Th_3}$ がオンすると，$\mathrm{D_4}$ には逆電圧が加わりオフし，$\mathrm{D_4}$ から $\mathrm{Th_3}$ に転流が行われる．そして，電流は電源 → $\mathrm{D_2}$ → L → R → $\mathrm{Th_3}$ → 電源の経路で流れる．
- 期間④（$2\pi \leq \omega t < 2\pi + \alpha$）：電源電圧 v が正になったときも，インダクタ L のため電流は流れ続けようとする．このとき，$\mathrm{D_4}$ の電圧を考えると，(電源電圧 v) + ($\mathrm{Th_3}$ の電圧降下) となるので，正の電圧が加わっている状態である．順電圧が加わるので $\mathrm{D_4}$ がオンし，$\mathrm{Th_3}$ には電源電圧 v が逆電圧として加わるのでオフして，$\mathrm{Th_3}$ から $\mathrm{D_4}$ に転流が行われる．そして，電流は $\mathrm{D_2}$ → L → R → $\mathrm{D_4}$ → $\mathrm{D_2}$ の経路で流れる．

図 6.10 において，時定数 L/R が十分大きいとき，i_d は一定平滑な電流となる．

出力電圧 v_d は図 5.13 と同じになるので，その平均値 V_{ave} は式 (5.16) と同様で次式となる．

$$V_{ave} = \frac{2\sqrt{2}V}{\pi}\frac{1+\cos\alpha}{2} \tag{6.17}$$

式 (6.17) からもわかるように，抵抗負荷時と同様に，点弧角 α を変化させることによって，直流電圧の平均値を連続的に調整できる．また，6.1 節で説明したように，定常状態においてインダクタ L に加わる電圧 v_L の繰り返し周期ごとの積分は 0 になる．なお，図 6.9 (b) の回路の場合も出力電圧波形は同様になる．

また，Th_1 と Th_4 をダイオードに置き換えた場合，期間①の点弧角 α で点弧するサイリスタが存在しない．同様に，Th_2 と Th_3 をダイオードに置き換えた場合，期間③で点弧するサイリスタが存在しない．したがって，これらの組み合わせで置き換えても混合ブリッジ回路とはならない．

本章のまとめ

- 繰り返し波形の場合，繰り返し周期ごとのインダクタの電圧の積分は 0 となる．また，インダクタの磁束鎖交数の増加分と減少分は等しくなる．
- 単相半波整流回路は，時定数 L/R の大きい RL 直列回路では直流出力をとることができない．
- 環流ダイオード付き単相半波整流回路の誘導性負荷時の出力電流波形は，抵抗負荷時の単相半波整流回路の出力電圧波形と同じになる．
- 単相全波サイリスタ整流回路の誘導性負荷時の出力電圧波形は抵抗負荷時と異なる．
- 混合ブリッジ回路の誘導性負荷時の出力電圧波形は，単相全波サイリスタ整流回路の抵抗負荷時の出力電圧波形と同じになる．

演習問題

6.1　図 6.5 の回路において，L/R が十分大きく，電源電圧実効値 $V = 100\,\mathrm{V}$，$R = 20\,\Omega$，$\alpha = \pi/3$ のとき，v_d，v_L，i_L，i_d，i_{Th} それぞれの平均値を求めなさい．

6.2　図 6.7 の回路において，L/R が十分大きく，電源電圧実効値 $V = 100\,\mathrm{V}$，$R = 20\,\Omega$，$\alpha = \pi/3$ のとき，v_d，v_L，i_d およびサイリスタ 1 個の電流それぞれの平均値を求めなさい．

6.3　図 6.9 (b) の回路の動作を説明しなさい．

7 AC-DC 変換③：容量性負荷

第 5 章と第 6 章で，AC-DC 変換回路のうち，抵抗負荷および誘導性負荷の場合について説明した．これらの負荷では，一定平滑な直流電圧は得られない．AC-DC 変換回路で一定平滑な直流電圧を得る場合，抵抗と並列にキャパシタ（コンデンサ）を接続して，容量性負荷としなければならない．本章では，キャパシタの基本的な性質を説明し，容量性負荷時の AC-DC 変換回路の動作を説明する．

7.1 キャパシタの作用

キャパシタについて，まず基本的な性質を復習しよう．**図 7.1** に示す静電容量 C のキャパシタの電圧 v_C と電流 i_C の関係は次式となる．ここで，キャパシタの抵抗成分は無視している．

$$i_C = C\frac{dv_C}{dt} \tag{7.1}$$

上式両辺の 1 周期の積分をとると，

$$\int_t^{t+T} i_C \, dt = C\{v_C(t+T) - v_C(t)\} \tag{7.2}$$

となる．ここで，v_C が周期 T の繰り返し波形の場合，$v_C(t+T) = v_C(t)$ であるから，次式が得られる．

$$\int_t^{t+T} i_C \, dt = 0 \tag{7.3}$$

まとめると，キャパシタの電圧が周期 T の繰り返し波形の場合，繰り返し周期ごとの電流の積分は 0 となる．したがって，繰り返し周期ごとの電流の平均値も 0 と

i_C C $+Q$ $-Q$ v_C

図 7.1　静電容量 C のキャパシタ

なる．また，キャパシタに蓄えられる電荷 Q は $Q = Cv_C$ の関係があるので，繰り返し周期ごとの増加分と減少分は等しくなる．これがパワーエレクトロニクス回路におけるキャパシタの重要な性質である．

7.2 単相全波整流回路

図 7.2 に示す回路を考える．電源とキャパシタが半導体スイッチで直列に接続される回路構成は過大電流を生じ好ましくないので，この回路では電源のインピーダンス r，l を考慮している[†1]．図 7.2 あるいは**図 7.3** はダイオードを用いた単相全波整流回路で，出力電圧 E_d は正の電圧となる．まず，抵抗 R がない場合（$R = \infty$）を考えると，キャパシタ C に電荷が一度充電されるとその電荷は放電しないので，キャパシタ C の電圧は交流電源電圧の最大値 $\sqrt{2}V$ となる（ただし，$l \neq 0$ の場合

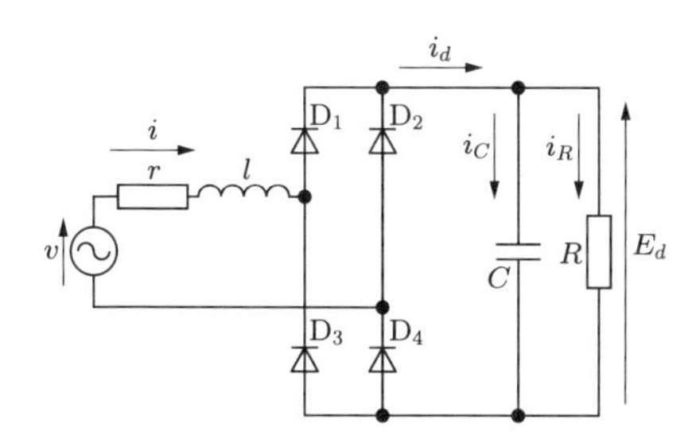

図 7.2 RC 並列負荷時の単相全波整流回路
（電源側にインピーダンスがある場合）

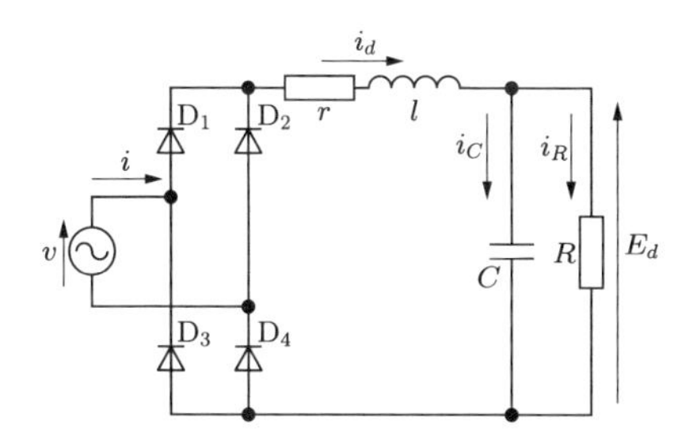

図 7.3 RC 並列負荷時の単相全波整流回路
（キャパシタの前にインピーダンスがある場合）

---

†1 実際の回路では電源側の変圧器の二次巻線や漏れインダクタンスがあるので，インピーダンス r，l を接続しなくても回路構成として成立する．なお，インピーダンス r，l は整流回路の入力である交流側に接続しなくても，図 7.3 に示すように整流回路の出力側に接続しても同様の効果がある．

は $\sqrt{2}V$ より多少高くなる）．次に抵抗 R がある場合を考えると，キャパシタの電圧に比例した電流 i_R が R に流れる．交流側電圧が E_d よりも低くダイオードが導通していない期間もこの電流 i_R は流れるので，キャパシタ C の電圧は交流電源電圧の最大値 $\sqrt{2}V$ より低い電圧となる．

以下では，回路の動作や特性を理解するために，時定数が十分大きい場合について，$l = 0$ と $r = 0$ に分けて説明する．なお，式 (7.1) は

$$\frac{dv_C}{dt} = \frac{i_C}{C} \tag{7.4}$$

と表せるから，時定数 RC および rC が十分大きくなるように C を選ぶと，

$$\frac{dv_C}{dt} \approx 0 \tag{7.5}$$

となる．つまり，キャパシタの電圧 v_C が一定平滑な直流電圧の場合を考えていることになる．

7.2.1　$l = 0$ かつ時定数 RC および rC が十分大きい場合

図 7.3 の回路の各部の電圧，電流波形は**図 7.4** のようになる．

- 期間①（$0 \leq \omega t < \alpha$）：電源電圧 v が E_d より低いので i_d は流れない．この場合でも R には次式の電流が流れる．

$$i_R = I_R = \frac{E_d}{R} \tag{7.6}$$

- 期間②（$\alpha \leq \omega t < \pi - \alpha$）：電源電圧 v が E_d より高いので，電流は電源 → D_1 → r → l → C と R の並列回路 → D_4 → 電源の経路で流れる．i_d の式については後述する．
- 期間③（$\pi - \alpha \leq \omega t < \pi$）：電源電圧 v が E_d より低いので i_d は流れない．期間①と同様に，R には式 (7.6) の電流が流れる．
- 期間④（$\pi \leq \omega t < \pi + \alpha$）：期間①と同様である．
- 期間⑤（$\pi + \alpha \leq \omega t < 2\pi - \alpha$）：電源電圧 v は負であるが，$-v$ が E_d より高いので，電流は電源 → D_2 → r → l → C と R の並列回路 → D_3 → 電源の経路で流れる．
- 期間⑥（$2\pi - \alpha \leq \omega t < 2\pi$）：期間③と同様である．

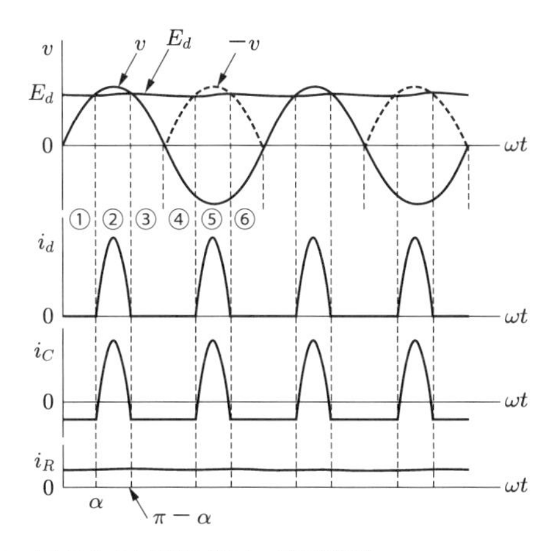

図 7.4　図 7.3 の回路の電圧，電流波形
（$l = 0$ かつ時定数 RC および rC が十分大きい場合）

▶電流 i_d の式の導出

期間②の電流 i_d を求めるために，図 7.2 あるいは図 7.3 のダイオードの電圧降下を無視し，**図 7.5** のような簡略化回路を考える．

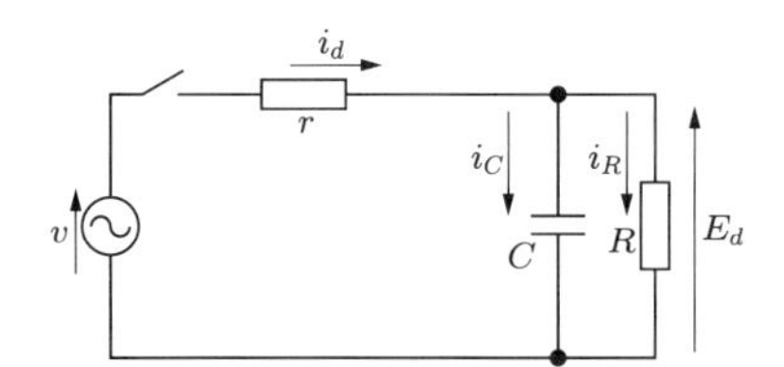

図 7.5　図 7.2，図 7.3 の簡略化回路
（$l = 0$ かつ時定数 RC および rC が十分大きい場合）

E_d を一定と仮定し，i_d が流れているときの回路方程式は次式となる．

$$v = ri_d + E_d \tag{7.7}$$

交流電源電圧を

$$v = \sqrt{2}V \sin \omega t \tag{7.8}$$

で表すと，v が E_d より高くなると i_d が流れるので，$v = E_d$ となったときを $\omega t = \alpha$ とすると

$$E_d = \sqrt{2}V \sin \alpha \tag{7.9}$$

となり，電流が流れる期間は図 7.4 に示した期間②（$\alpha \leq \omega t < \pi - \alpha$）となる．したがって，$i_d$ とその平均値 $I_{d_{ave}}$ は次式のように表せる．

$$i_d = \frac{v - E_d}{r} = \frac{\sqrt{2}V}{r}(\sin\omega t - \sin\alpha) \tag{7.10}$$

$$\begin{aligned} I_{d_{ave}} &= \frac{\sqrt{2}V}{\pi r}\int_{\alpha}^{\pi-\alpha}(\sin\omega t - \sin\alpha)\,d\omega t \\ &= \frac{\sqrt{2}V}{\pi r}\{2\cos\alpha - (\pi - 2\alpha)\sin\alpha\} \end{aligned} \tag{7.11}$$

7.1 節で説明したように，繰り返し周期ごとの電流 i_C の平均値は 0 となるので，$i_C = i_d - i_R$ より電流 i_R は $I_{d_{ave}}$ と等しくなる．

$$i_R = I_R = I_{d_{ave}} = \frac{\sqrt{2}V}{\pi r}\{2\cos\alpha - (\pi - 2\alpha)\sin\alpha\} \tag{7.12}$$

期間⑤でも $I_{d_{ave}}$ と I_R は式 (7.12) となる．

▶出力電圧と電流の関係

α を $\pi/2$ から徐々に小さくしていくと，式 (7.9) より E_d は低くなり，式 (7.12) より I_R は大きくなる．式 (7.9) と式 (7.12) から出力電圧 E_d と出力電流 I_R の関係を描くと**図 7.6** となる．つまり，抵抗に流れる電流が増加すると，出力電圧が低下する．

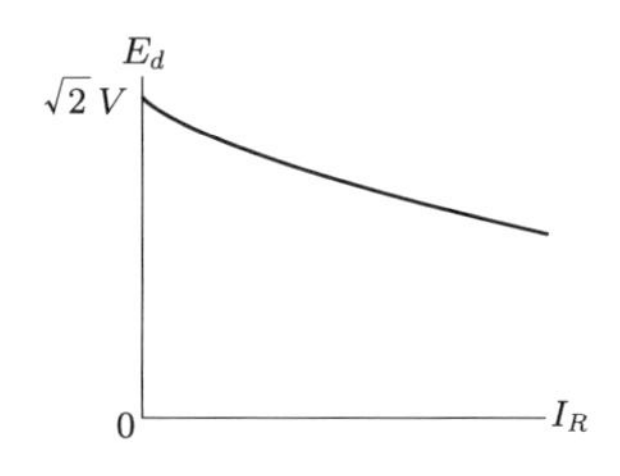

図 7.6　図 7.5 の回路の出力電圧－電流特性
（$l = 0$ かつ時定数 RC および rC が十分大きい場合）

7.2.2　$r = 0$ かつ時定数 RC が十分大きい場合

図 7.3 の回路の各部の電圧，電流波形を**図 7.7** のようになる．

- 期間①（$0 \leq \omega t < \alpha$）：電源電圧 v が E_d より低いので i_d は流れない．この場合でも，抵抗 R には式 (7.6) の電流が流れる．
- 期間②（$\alpha \leq \omega t < \pi - \alpha$）：電源電圧 v が E_d より高いので，電流は電源 → $D_1 \to r \to l \to C$ と R の並列回路 → D_4 → 電源の経路で流れる．i_d の式については後述する．

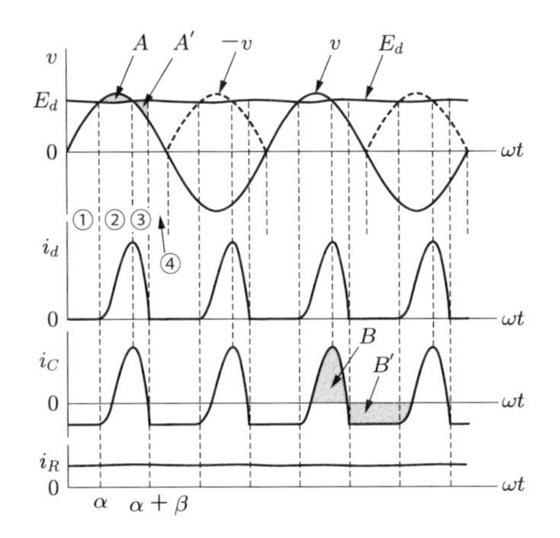

図 7.7 図 7.3 の回路の電圧，電流波形
（$r = 0$ かつ時定数 RC が十分大きい場合）

- 期間③（$\pi - \alpha \leq \omega t < \alpha + \beta$）：電源電圧 v が E_d より低くなるが，6.1 節で説明したように，磁束鎖交数の増加分と減少分は等しくなる．つまり，インダクタで増加する磁束鎖交数（図 7.7 の面積 A）と減少する磁束鎖交数（面積 A'）が等しくなるまで電流 i_d が流れることがわかる．i_d の式については後述する．
- 期間④（$\alpha + \beta \leq \omega t < \pi$）：電流 i_d は流れない．期間①と同様に，抵抗 R には式 (7.6) の電流が流れる．

▶電流 i_d の式の導出

期間③の電流 i_d を求めるために，図 7.2 あるいは図 7.3 のダイオードの電圧降下を無視し，**図 7.8** のような簡略化回路を考える．

E_d を一定と仮定し，i_d が流れているときの回路方程式は次式となる．

$$v = l\frac{di_d}{dt} + E_d \tag{7.13}$$

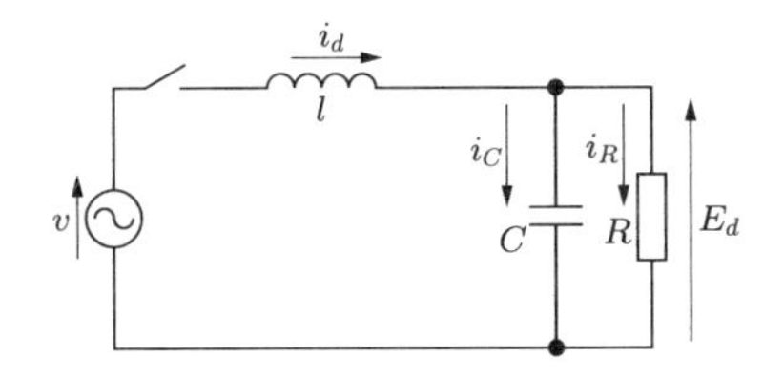

図 7.8 図 7.2，図 7.3 の簡略化回路
（$r = 0$ かつ時定数 RC が十分大きい場合）

交流電源電圧 v が式 (7.9) で示される E_d より高くなった $\omega t = \alpha$ のときに i_d が流れ始めるので，式 (7.13) より，電流は次式のように表せる．

$$i_d = \frac{\sqrt{2}V}{l}\int_{\alpha/\omega}^{t}(\sin\omega t - \sin\alpha)\,dt \tag{7.14}$$

式 (7.14) を計算すると次式となる．

$$i_d = \frac{\sqrt{2}V}{\omega l}\{\cos\alpha - \cos\omega t - (\omega t - \alpha)\sin\alpha\} \tag{7.15}$$

電流が流れる期間は，図 7.7 に示した期間②と③となる．$i_d = 0$ となる ωt を $\alpha + \beta$ とすると，式 (7.15) より

$$\cos\alpha - \cos(\alpha+\beta) - \beta\sin\alpha = 0 \tag{7.16}$$

の関係がある．式 (7.15) より i_d の平均値 $I_{d_{ave}}$ は次式となる．

$$I_{d_{ave}} = \frac{\sqrt{2}V}{\pi\omega l}\left\{\beta\cos\alpha - \sin(\alpha+\beta) + \sin\alpha - \frac{\beta^2}{2}\sin\alpha\right\} \tag{7.17}$$

7.1 節で説明したように，繰り返し周期ごとの電流 i_C の平均値は 0 となるので，$i_C = i_d - i_R$ より，電流 i_R の平均値 I_R は $I_{d_{ave}}$ と等しくなる．

$$I_R = I_{d_{ave}} = \frac{\sqrt{2}V}{\pi\omega l}\left\{\beta\cos\alpha - \sin(\alpha+\beta) + \sin\alpha - \frac{\beta^2}{2}\sin\alpha\right\} \tag{7.18}$$

また，キャパシタで増加する電荷と減少する電荷は等しいので，図 7.7 に示す面積 B と面積 B' は等しくなる．

▶出力電圧と電流の関係

図 7.6 と同様の出力電圧－電流特性を求める場合，式 (7.16) を解いて陽に β を求めることはできないので，α をパラメータとして $\pi/2$ から徐々に小さくしていき，たとえば Excel などを用いて式 (7.16) を満足する β を求める．この β を式 (7.18) に代入することによって，出力電圧 E_d と出力電流 I_R を求めることができる．この関係を**図 7.9** に示す．図 7.6 と同様に，抵抗に流れる電流が増加すると，出力電圧が低下する．

本章では，負荷と並列に接続されたキャパシタによる電圧の平滑化を説明した．このような整流回路は，電子回路用電源あるいは第 11 章で説明する電圧形インバータの電源として用いられている．

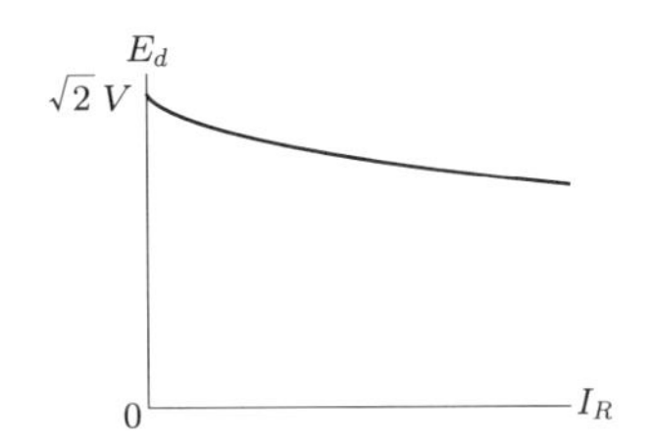

図 7.9　図 7.8 の回路の出力電圧－電流特性
（$r = 0$ かつ時定数 RC が十分大きい場合）

本章のまとめ

- 繰り返し波形の場合，繰り返し周期ごとのキャパシタの電流の積分は 0 となる．また，キャパシタの電荷の増加分と減少分は等しくなる．
- 単相全波整流回路では，抵抗とキャパシタの並列負荷時の出力電圧は平滑化されてほぼ一定の値となる．その値は負荷電流によって減少する．

演習問題

7.1　問図 7.1 の回路において入力電圧 $v = 100\sqrt{2}\sin\omega t$ のとき，$t = 0$ 以降のキャパシタの電圧 v_o の波形を描きなさい．

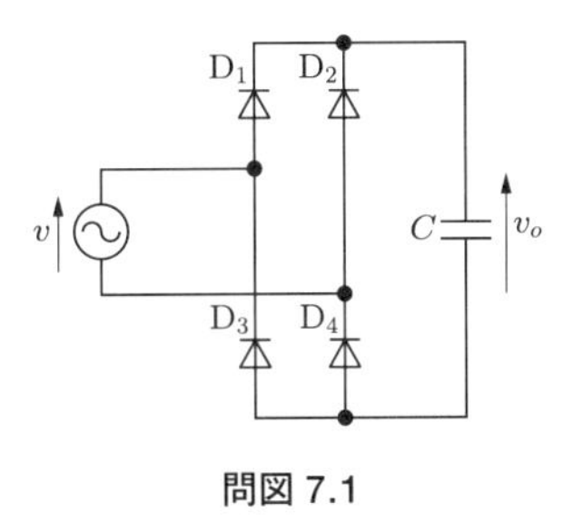

問図 7.1

7.2　図 7.2 あるいは図 7.3 において，$r = 0.5\ \Omega$，$l = 0$，時定数 RC および rC は十分大きいとする．交流電源の実効値を 100 V としたとき，抵抗に流れる電流の平均値 I_R と出力電圧 E_d の関係をグラフにしなさい．

7.3　図 7.2 あるいは図 7.3 において，$r = 0\ \Omega$，$\omega l = 0.5\ \Omega$，時定数 RC は十分大きいとする．交流電源の実効値を 100 V としたとき，抵抗に流れる電流の平均値 I_R と出力電圧 E_d の関係をグラフにしなさい．

8 AC-DC 変換④：入力側

前章まで，AC-DC 変換回路の出力側について説明した．AC-DC 変換回路ではダイオードやサイリスタによって電流の切り換えが行われるために，入力側は正弦波ではなくなる．また，AC-DC 変換回路の交流電源側には変圧器が接続されるのが一般的で，その場合変圧器の 2 次側の漏れインダクタンスが無視できず，交流入力電流の切り換わりは瞬時ではなく徐々に行われる（これを電流の重なり現象という）．

本章では，単相全波サイリスタ整流回路を例にとり，入力電流波形や，電流の重なり現象とその出力電圧への影響，さらに電源インピーダンスの電圧降下による影響について説明する．

8.1 入力側の電流

8.1.1 誘導性負荷の場合

図 8.1 の回路で説明する．L/R が大きい場合の入力電圧，電流波形を**図 8.2** に示す．出力電圧，電流波形，導通するサイリスタは図 6.8 に示してあり，図 8.2 の期間①〜④は図 6.8 の期間①〜④に対応している．6.4 節で説明したように，i_d は一定平滑な電流になる．

回路の動作は次のようになる．

- 期間①（$\alpha \leq \omega t < \pi$）：電流は電源 → Th_1 → L → R → Th_4 → 電源の経路で流れるので $i = I_d$ となる．

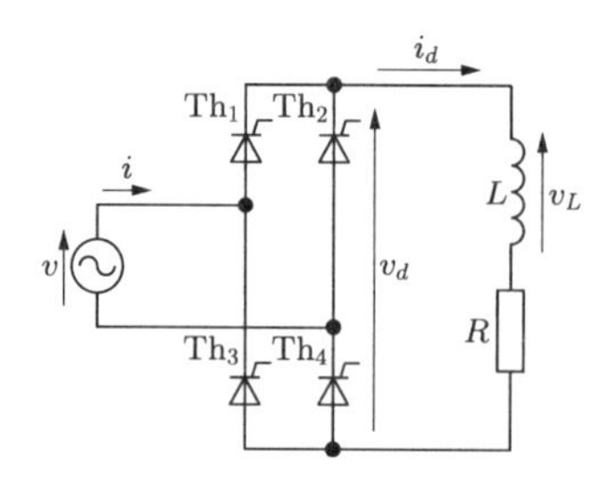

図 8.1　単相全波サイリスタ整流回路（図 6.7 再掲）

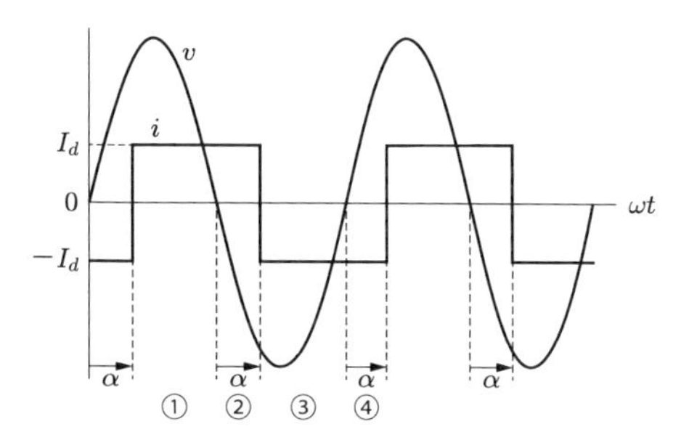

図 8.2　図 8.1 の回路の入力電圧，電流波形（誘導性負荷時）

- 期間②（$\pi \leq \omega t < \pi + \alpha$）：インダクタ L のため電流は流れ続けるので $i = I_d$ となる．
- 期間③（$\pi + \alpha \leq \omega t < 2\pi$）：電流は電源 $\rightarrow$ $\mathrm{Th_2}$ $\rightarrow$ L $\rightarrow$ R $\rightarrow$ $\mathrm{Th_3}$ $\rightarrow$ 電源の経路で流れるので $i = -I_d$ となる．
- 期間④（$2\pi \leq \omega t < 2\pi + \alpha$）：インダクタ L のため電流は流れ続けるので $i = -I_d$ となる．

実効値は，式 (3.3) を用いて計算すると次のようになる．

$$
\begin{aligned}
I_{\mathit{eff}} &= \sqrt{\frac{1}{2\pi}\int_0^{2\pi} i^2(\theta)\,d\theta} \\
&= \sqrt{\frac{1}{2\pi}\left\{\int_0^{\pi} I_d^2\,d\theta + \int_{\pi}^{2\pi} (-I_d)^2\,d\theta\right\}} = I_d
\end{aligned}
\tag{8.1}
$$

式 (3.5) を用いて高調波成分を計算すると，次のようになる．

$$
\begin{aligned}
a_0 &= \frac{1}{2\pi}\int_0^{2\pi} i(\theta)\,d\theta = 0 \\
a_n &= \frac{1}{\pi}\int_0^{2\pi} i(\theta)\cos n\theta\,d\theta \\
&= \frac{1}{\pi}\left\{\int_0^{\alpha} (-I_d)\cos n\theta\,d\theta + \int_{\alpha}^{\pi+\alpha} I_d\cos n\theta\,d\theta \right. \\
&\qquad \left. + \int_{\pi+\alpha}^{2\pi} (-I_d)\cos n\theta\,d\theta\right\} \\
&= \frac{2I_d}{n\pi}\sin n\alpha(\cos n\pi - 1)
\end{aligned}
\tag{8.2}
$$

$$
\begin{aligned}
b_n &= \frac{1}{\pi}\int_0^{2\pi} i(\theta)\sin n\theta\, d\theta \\
&= \frac{1}{\pi}\left\{\int_0^{\alpha}(-I_d)\sin n\theta\, d\theta + \int_{\alpha}^{\pi+\alpha} I_d \sin n\theta\, d\theta \right.\\
&\qquad \left. + \int_{\pi+\alpha}^{2\pi}(-I_d)\sin n\theta\, d\theta\right\} \\
&= -\frac{2I_d}{n\pi}\cos n\alpha(\cos n\pi - 1)
\end{aligned}
\tag{8.2, 続き}
$$

$$
\begin{aligned}
a_n &= 0, \quad b_n = 0 \quad (n\text{が偶数の場合}) \\
a_n &= -\sqrt{2}\frac{2\sqrt{2}I_d}{n\pi}\sin n\alpha, \\
b_n &= \sqrt{2}\frac{2\sqrt{2}I_d}{n\pi}\cos n\alpha \quad (n\text{が奇数の場合})
\end{aligned}
$$

したがって，基本波実効値 I_1 と基本波力率 $\cos\phi$ は次のようになる．

$$
I_1 = \frac{2\sqrt{2}I_d}{\pi}, \qquad \cos\phi = \cos\alpha \tag{8.3}
$$

総合力率 PF は，電源電圧が正弦波であることを考慮して，式 (3.11) を用いて計算すると次のようになる．

$$
PF = \frac{V(2\sqrt{2}I_d/\pi)\cos\alpha}{VI_d} = \frac{2\sqrt{2}}{\pi}\cos\alpha \tag{8.4}
$$

ひずみ率 THD は，式 (3.13) を用いて計算すると次のようになる．

$$
THD = \frac{\sqrt{I_{\mathit{eff}}^2 - I_1^2}}{I_1} = \frac{\sqrt{I_d^2 - (2\sqrt{2}I_d/\pi)}}{2\sqrt{2}I_d/\pi} = \sqrt{\frac{\pi^2}{8} - 1} = 0.483 \tag{8.5}
$$

8.1.2 抵抗負荷の場合

抵抗負荷の入力電圧，電流波形を**図 8.3** に示す．出力電圧，サイリスタの導通状態は図 5.13 に示してあり，図 8.3 の期間①～④は図 5.13 の期間①～④に対応している．

回路の動作は次のようになる．

- 期間①（$\alpha \leq \omega t < \pi$）：$\mathrm{Th}_1$ と Th_4 がオンし，電流は電源 → Th_1 → R → Th_4 → 電源の経路で流れるので $i = v/R$ となる．

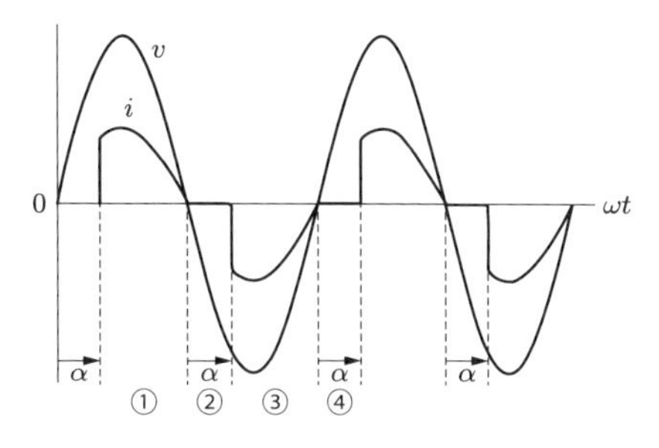

図 8.3　図 8.1 の回路の入力電圧，電流波形（抵抗負荷時）

- 期間②（$\pi \leq \omega t < \pi + \alpha$）：サイリスタがオフし，電流は流れないので $i = 0$ となる．
- 期間③（$\pi + \alpha \leq \omega t < 2\pi$）：$\mathrm{Th}_2$ と Th_3 がオンし，電流は電源 $\to \mathrm{Th}_2 \to R \to \mathrm{Th}_3 \to$ 電源の経路で流れるので $i = v/R$ となる．
- 期間④（$2\pi \leq \omega t < 2\pi + \alpha$）：サイリスタがオフし，電流は流れないので $i = 0$ となる．

諸評価量は誘導性負荷の場合と同様に計算でき，結果のみを示すと以下のようになる．

$$\text{実効値 } I_{eff} = \frac{V}{R}\sqrt{\frac{2\pi - 2\alpha + \sin 2\alpha}{2\pi}} \tag{8.6}$$

$$\text{基本波実効値 } I_1 = \frac{V}{2\pi R}\sqrt{(\cos 2\alpha - 1)^2 + (2\pi - 2\alpha + \sin 2\alpha)^2} \tag{8.7}$$

$$\text{基本波力率 } \cos\phi = \frac{2\pi - 2\alpha + \sin 2\alpha}{\sqrt{(\cos 2\alpha - 1)^2 + (2\pi - 2\alpha + \sin 2\alpha)^2}} \tag{8.8}$$

$$\text{総合力率 } PF = \sqrt{\frac{2\pi - 2\alpha + \sin 2\alpha}{2\pi}} \tag{8.9}$$

ひずみ率 THD

$$= \sqrt{\frac{2\pi(2\pi - 2\alpha + \sin 2\alpha) - \{(\cos 2\alpha - 1)^2 + (2\pi - 2\alpha + \sin 2\alpha)^2\}}{(\cos 2\alpha - 1)^2 + (2\pi - 2\alpha + \sin 2\alpha)^2}} \tag{8.10}$$

8.1.3　容量性負荷の場合

図 8.4 の回路で説明する．$l = 0$ かつ時定数 RC および rC が大きい場合の入力電圧，電流波形を**図 8.5** に示す．出力電圧，電流波形は図 7.4 に示してあり，図 8.5 の期間①～⑥は図 7.4 の期間①～⑥に対応している．

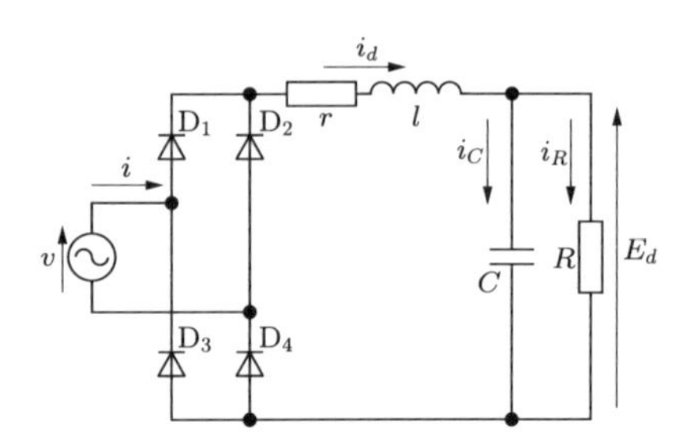

図 8.4　RC 並列負荷時の単相全波整流回路（図 7.3 再掲）

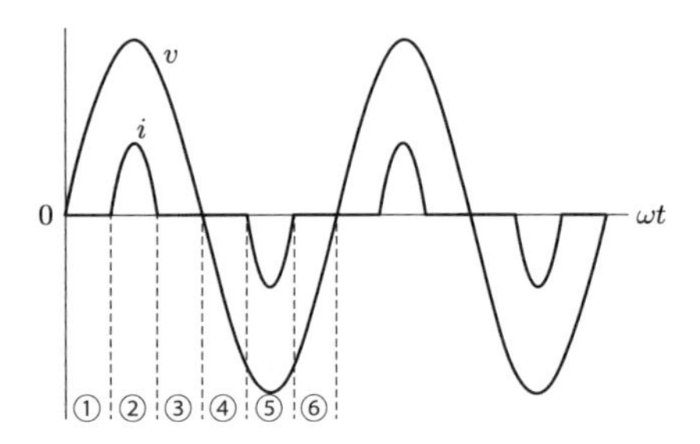

図 8.5　図 8.4 の回路の入力電圧，電流波形

回路の動作は次のようになる．

- 期間①（$0 \leq \omega t < \alpha$）：電源電圧 v が E_d より低いので i_d は流れず，$i = 0$ となる．
- 期間②（$\alpha \leq \omega t < \pi - \alpha$）：電源電圧 v が E_d より高いので，電流は電源 → D_1 → C と R の並列回路 → D_4 → 電源の経路で流れて，$i = (v - E_d)/r$ となる．
- 期間③（$\pi - \alpha \leq \omega t < \pi$）：期間①と同様である．
- 期間④（$\pi \leq \omega t < \pi + \alpha$）：電源電圧 v の絶対値が E_d より低いので i_d は流れず，$i = 0$ となる．
- 期間⑤（$\pi + \alpha \leq \omega t < 2\pi - \alpha$）：電流は電源 → D_2 → C と R の並列回路 → D_3 → 電源の経路で流れるので，$i = (v + E_d)/r$ となる．

- 期間⑥（$2\pi - \alpha \leq \omega t < 2\pi$）：期間④と同様である．

諸評価量は誘導性負荷の場合と同様に計算でき，結果を示すと以下のようになる．

$$\text{実効値 } I_{eff} = \frac{\sqrt{2}V}{\sqrt{\pi}R}\sqrt{(\pi - 2\alpha)(1 - 0.5\cos 2\alpha) - 1.5\sin 2\alpha} \tag{8.11}$$

$$\text{基本波実効値 } I_1 = \frac{V}{\pi R}(\pi - 2\alpha - \sin 2\alpha) \tag{8.12}$$

$$\text{基本波力率 } \cos\phi = 1 \tag{8.13}$$

$$\text{総合力率 } PF = \frac{\pi - 2\alpha - \sin 2\alpha}{\sqrt{\pi\{(\pi - 2\alpha)(2 - \cos 2\alpha) - 3\sin 2\alpha\}}} \tag{8.14}$$

$$\text{ひずみ率 } THD = \frac{\sqrt{\pi^2 - 4\alpha^2 - (\pi^2 - 2\pi\alpha)\cos 2\alpha - (\pi + 4\alpha)\sin 2\alpha - \sin^2 2\alpha}}{\pi - 2\alpha - \sin 2\alpha} \tag{8.15}$$

8.2 電流の重なり現象

6.4 節では入力側の電源インピーダンスを考慮していなかったが，実際の回路では変圧器の出力を入力側電源とすることが多く，その場合変圧器の 2 次側のインピーダンス，とくに漏れインダクタンスが存在する．そこで，**図 8.6** に示す誘導性負荷の単相全波サイリスタ整流回路について，入力側インダクタンス l の影響を考える．ただし，時定数 L/R は十分大きく，i_d は平滑一定な電流と仮定する．

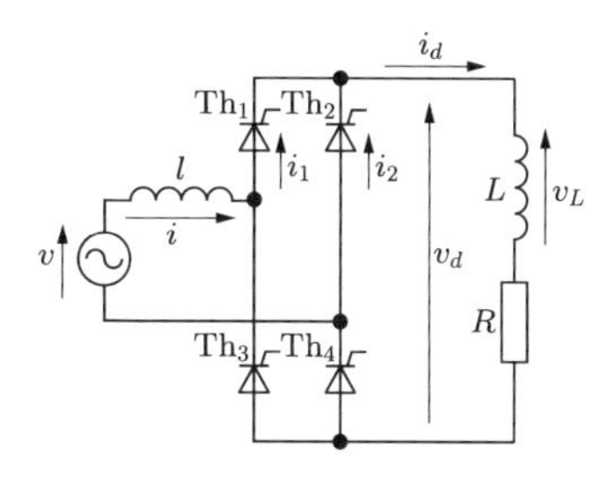

図 8.6　単相全波サイリスタ整流回路（誘導性負荷時）

8.2.1　電流の重なり期間の動作

漏れインダクタンス $l = 0$ の場合は 6.4 節で説明したとおりであるが，$l \neq 0$ の場合はインダクタンスにおける電流の不連続は許されないので，転流に時間がかかり，**図 8.7** に示す期間②と期間④が生じる．これらの期間では，二つの経路が同時に導通する．これを**電流の重なり**とよぶ．

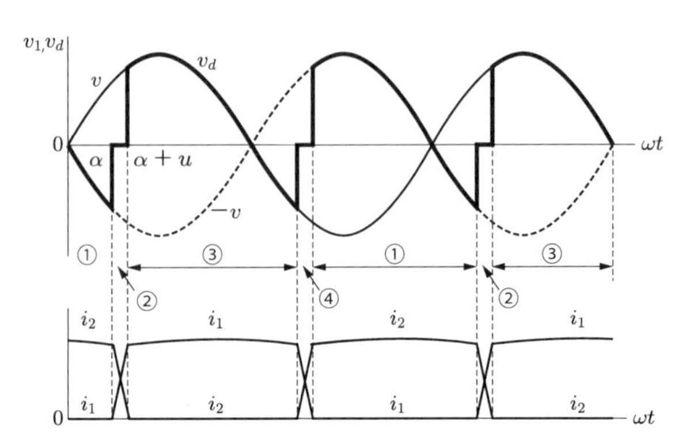

図 8.7　電源インダクタンスがある場合の電流の重なり

電流の重なり期間②について見てみよう．期間②における回路方程式は次の二つとなる．

$$\text{期間①と同じ回路の場合：} -v + l\frac{di}{dt} - v_{Th2} - v_{Th3} = v_d \tag{8.16}$$

$$\text{期間③と同じ回路の場合：} v - l\frac{di}{dt} - v_{Th1} - v_{Th4} = v_d \tag{8.17}$$

ここで，v_{Th1}～v_{Th4} は Th_1～Th_4 の電圧降下を表す．サイリスタの電圧降下を 0 V とし，式 (8.16) と式 (8.17) を加え合わせると次式が得られる．

$$v_d = \frac{v + (-v)}{2} = 0 \tag{8.18}$$

上式より，電流の重なり期間の出力電圧は，電流の重なり期間前後の出力電圧の平均値となり，単相全波サイリスタ回路の場合は 0 V となることがわかる．

8.2.2 電流の重なり期間の電流

次に，電流の重なり期間②の電流波形を求めてみる．式 (8.18) を式 (8.17) に代入すると次式が成り立つ．

$$v = l\frac{di}{dt} \tag{8.19}$$

入力電圧を $v = \sqrt{2}V\sin\omega t$ で表して，i を計算すると

$$i = \frac{1}{l}\int\sqrt{2}V\sin\omega t\,dt = -\frac{\sqrt{2}V}{\omega l}\cos\omega t + I_0 \tag{8.20}$$

となる．$\omega t = \alpha$ で $i = -I_d$ を代入すると

$$I_0 = -I_d + \frac{\sqrt{2}V}{\omega l}\cos\alpha \tag{8.21}$$

となるので，

$$i = \frac{\sqrt{2}V}{\omega l}(-\cos\omega t + \cos\alpha) - I_d \tag{8.22}$$

となる．電流の重なり角を u とすると，$\omega t = \alpha + u$ で $i = I_d$ となるので

$$\begin{aligned} \cos(\alpha + u) - \cos\alpha &= -2I_d\frac{\omega l}{\sqrt{2}V} \\ u &= \cos^{-1}\left(\cos\alpha - 2I_d\frac{\omega l}{\sqrt{2}V}\right) - \alpha \end{aligned} \tag{8.23}$$

となる．電源側における i と i_1，i_2 の関係は次式となる．

$$i_1 - i_2 = i \tag{8.24}$$

また，負荷側における I_d と i_1，i_2 の関係は次式となる．

$$i_1 + i_2 = I_d \tag{8.25}$$

これらの式と式 (8.22) を用いると，i_1，i_2 が得られる．

$$i_1 = \frac{\sqrt{2}V}{2\omega l}(-\cos\omega t + \cos\alpha) \tag{8.26}$$

$$i_2 = \frac{\sqrt{2}V}{2\omega l}(\cos\omega t - \cos\alpha) + I_d \tag{8.27}$$

8.2.3　電流の重なりによる出力電圧の降下

図 8.7 からわかるように，電流の重なりがあるとその期間の出力電圧は低くなるので，その平均値も減少する．出力電圧の平均値の減少分 ΔE_d は次式のように求められる．

$$\Delta E_d = \frac{1}{\pi}\int_{\alpha}^{\alpha+u} v\,d\theta = \frac{\sqrt{2}V}{\pi}[-\cos\theta]_{\alpha}^{\alpha+u} = \frac{2\omega l}{\pi}I_d \tag{8.28}$$

図 8.8 は式 (8.28) を図示したものである．図からわかるように，出力電圧は直流電流の増加とともに，傾き $-2\omega l/\pi$ の 1 次関数で減少していく．

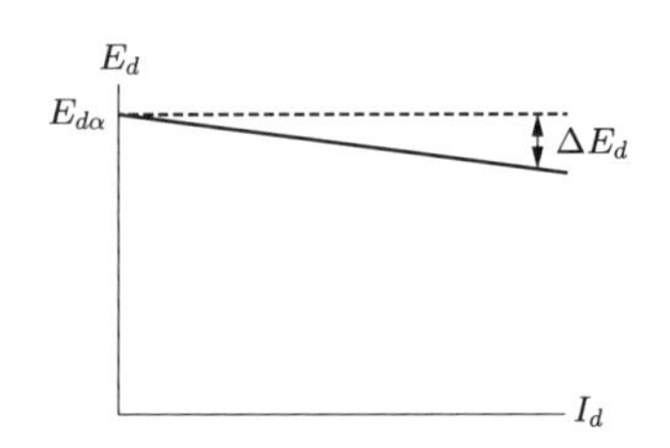

図 8.8　図 8.6 の回路の出力電圧－電流特性
（時定数 L/R が十分大きい場合，l 考慮）

三相の場合も，式 (8.18) で示したように，出力電圧は，電流の重なり期間前後の平均値となる．したがって，u 相から v 相に転流が起こるとき，電流の重なり期間の出力電圧は以下のようになる．

$$\text{三相半波整流回路の場合：} v_d = \frac{v_u + v_v}{2} \tag{8.29}$$

$$\text{三相全波整流回路の場合：} v_d = \frac{v_u + v_v}{2} - v_w \tag{8.30}$$

8.3　電源電圧のひずみ

図 8.9 に示すように，共通の交流電源に複数の整流回路が接続される場合を考える．ここで，変圧器の 2 次側の巻線抵抗 r と漏れリアクタンス ωl によるインピーダンス $r + j\omega l$ が十分小さく無視できる場合，接続される整流回路に流れる電流波形がどのようであっても $v_2 = v$ となり，ほかの負荷への電源電圧のひずみは生じない．しかし，インピーダンス $r + j\omega l$ が無視できない場合，電圧降下が発生し $v_2 \neq v$ となり，ほかの負荷の入力電圧 v_2 はひずむことになる．入力電流が大きいほど，このひずみの影響が大きくなる．たとえば，入力電流が短い時間のパルス状

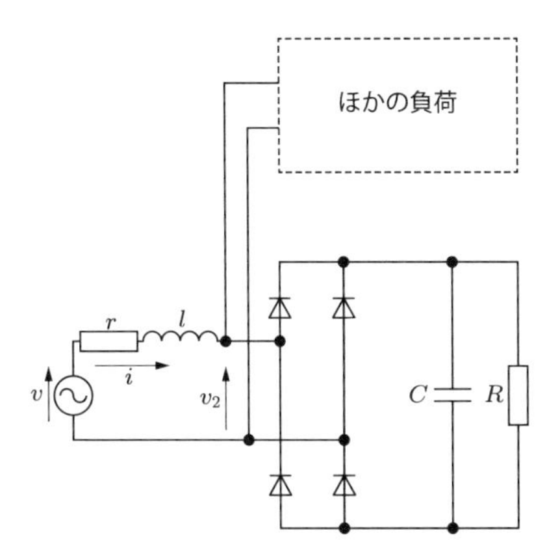

図 8.9　複数の整流回路がある場合

波形となる容量性負荷の場合，入力電圧 v_2 は**図 8.10** に示すように電源電圧 v のピーク付近がつぶれたようなひずみ波形となる．そのため，負荷装置が入力電圧の影響を受けやすい場合，注意が必要になる．

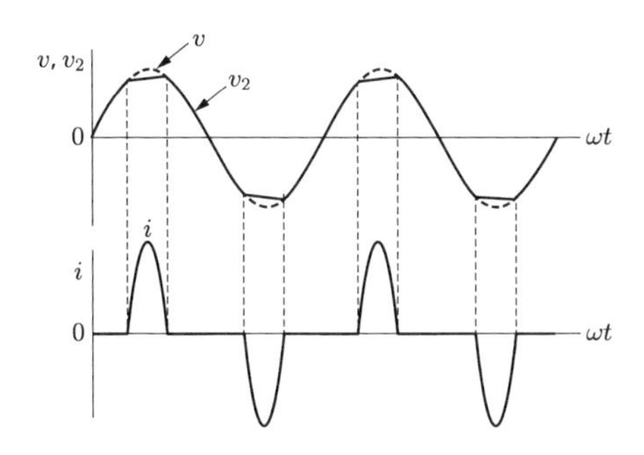

図 8.10　電源電圧のひずみ

本章のまとめ

- 整流回路の入力電流には高調波成分が含まれるので，実効値，基本波実効値，基本波力率，総合力率，ひずみ率などを考慮する必要がある．
- 時定数 L/R が大きい誘導性負荷の整流回路において，交流電源側のインダクタンス l が無視できない場合，交流入力電流の切り換わりは瞬時ではなく電流の重なりが発生し，出力電圧は減少する．
- 入力電流に高調波成分が含まれる整流回路において，電源インピーダンスが無視できない場合，電源インピーダンスの電圧降下によって負荷の入力電圧にひずみが生じる．

演習問題

8.1　問図 8.1 の回路において v_u，v_v，v_w の実効値を V としたとき，入力電流波形 i_u，i_v，i_w を描きなさい．

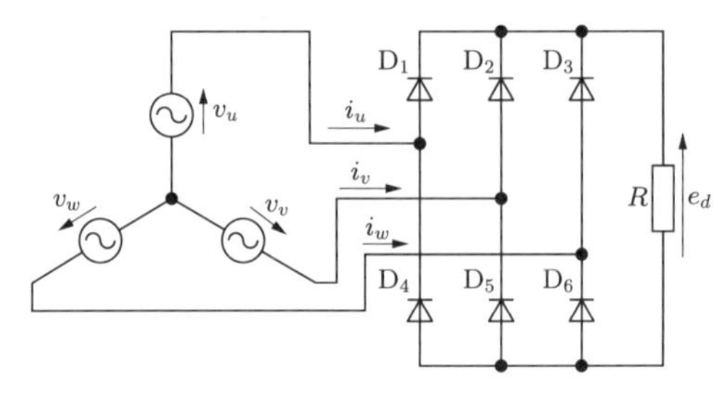

問図 8.1

8.2　図 8.1 の回路において，電源電圧実効値 $V = 100\,\mathrm{V}$，$R = 50\,\Omega$，$L = 0$，$\alpha = 5\pi/12$ の場合，入力電流の実効値，基本波実効値，基本波力率，総合力率，ひずみ率を求めなさい．

8.3　問図 8.2 の回路において，入力側の漏れインダクタンス l が無視できないとき，電流の重なり期間の出力電圧の式 (8.30) を導出し，出力電圧の平均値の減少分 ΔE_d を求めなさい．

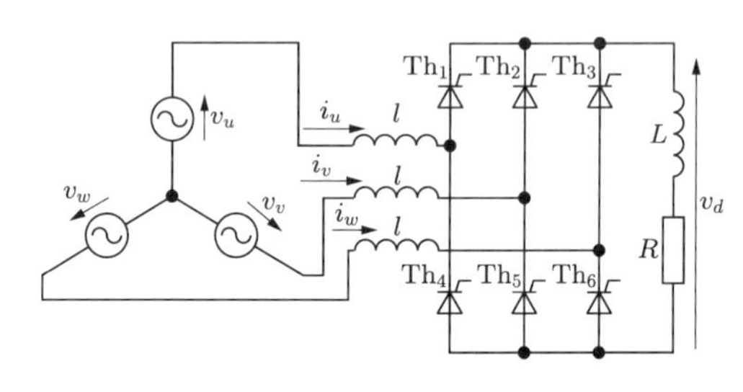

問図 8.2

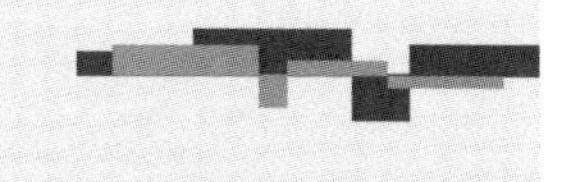

9 DC-DC 変換①

DC-DC 変換器は，直流電圧を大きさの異なる直流電圧に変換する装置である．DC-DC 変換器にはいろいろな種類がある．その中で，途中に変圧器を用いないで，入出力が直接スイッチで変換されるものを直流チョッパ[†1] とよぶ．直流チョッパには，入力電圧に対する出力電圧の高低によって，降圧形，昇圧形，昇降圧形がある．

本章では，これらの直流チョッパについて説明する．出力側のキャパシタにより一定電圧を出力する直流チョッパでは，原理的には，スイッチ付きのインダクタの接続の仕方によって降圧形，昇圧形，昇降圧形が得られることを説明する．

9.1 直流チョッパの原理

直流チョッパには，入力電圧に対する出力電圧の高低によって降圧形，昇圧形，昇降圧形がある．出力側のキャパシタにより一定電圧を出力する直流チョッパでは，出力電圧は異なるが，回路を構成する素子は同じである．すなわち，入力直流電源 E がスイッチ SW，インダクタ L，ダイオード D を介してキャパシタ C で出力電圧となる．この節では，これらの原理と違いについて説明する．

9.1.1 降圧形チョッパの原理

降圧形チョッパの原理を**図 9.1** の回路に示す．インダクタは瞬時に電流が 0 になると，過大な電圧が発生して電力用半導体素子を破壊してしまうため，インダクタ L とスイッチ SW を付けて電流の経路を変更できるようにしている．また，簡単のために，出力側は電圧源 V_o で表し，V_o を充電することで出力としている．実際には，平滑用キャパシタと負荷を表す抵抗の並列となることが多い．図 9.1 においてスイッチ SW が ON 側のとき，電流は入力 $E \to \mathrm{SW} \to L \to V_o \to E$ の経路となる．電流の向きは E と V_o の大きさや向きで変わりうるが，チョッパは入力電力を取り出して変換するので，E に接続されているときの電流は E から流れ出

†1 チョッパ以外に，DC-DC 変換の間に AC を介在させて絶縁変圧器を用いる DC-DC 変換器や，フィードバック制御を用いて出力電圧を一定にするスイッチングレギュレータなどがある．

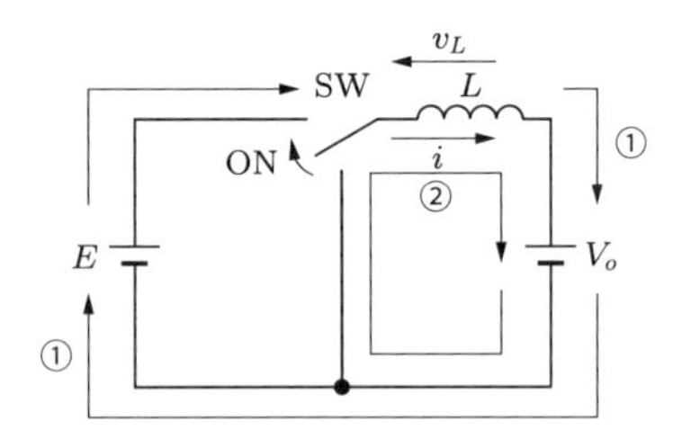

図 9.1　降圧形チョッパの原理

てインダクタ L を通る（経路①）．そしてスイッチ SW が OFF 側に切り換わると，電流は $L \to V_o \to L$ の経路となる（経路②）．

インダクタの電圧 v_L は次のようになる．

$$\begin{aligned} &\text{SW が ON 側のとき：} v_L = E - V_o \\ &\text{SW が OFF 側のとき：} v_L = -V_o \end{aligned} \tag{9.1}$$

ここで，繰り返し周期ごとのインダクタの電圧の平均値は 0 となるので，

$$(E - V_o)T_{on} - V_o T_{off} = 0 \tag{9.2}$$

となる．ここで，SW が ON 側に接続している期間を T_{on}，SW が OFF 側に接続している期間を T_{off} としている．整理すると次式が得られる．

$$V_o = \frac{T_{on}}{T_{on} + T_{off}} E = \alpha E \tag{9.3}$$

ここで，α は**通流率**あるいは**デューティ比**とよばれる．式 (9.3) より出力電圧 V_o は入力電圧 E より低くなるので，図 9.1 の回路は降圧形チョッパであることがわかる．

9.1.2　昇圧形チョッパの原理

図 9.1 ではスイッチ SW とインダクタ L を出力側に置いたが，図 9.2 と図 9.3 のように入力側に置くことや中央に置くことも考えられる．

図 9.2 においてスイッチ SW が ON 側のとき，電流は $E \to L \to E$ の経路となる（経路①）．そしてスイッチ SW が OFF 側に切り換わると，$E \to L \to V_o \to E$ の経路となる（経路②）．

インダクタの電圧 v_L は次のようになる．

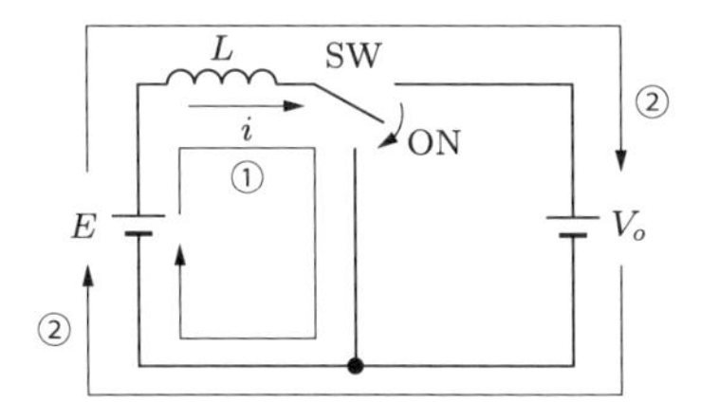

図 9.2 $L+\mathrm{SW}$ を入力側に置いた回路（昇圧形チョッパ）の原理

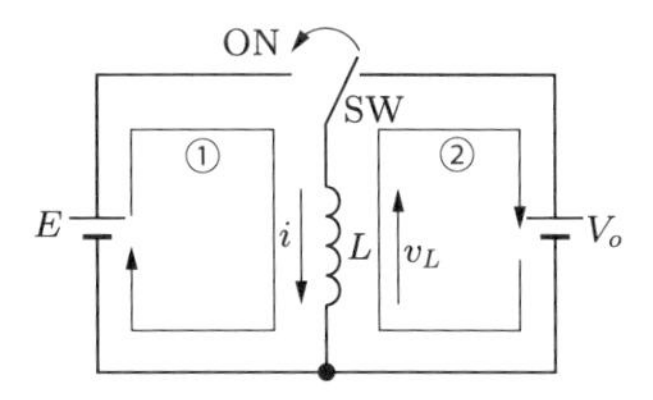

図 9.3 $L+\mathrm{SW}$ を中央に置いた回路（昇降圧形チョッパ）の原理

$$
\begin{aligned}
&\text{SW が ON 側のとき}：v_L = E \\
&\text{SW が OFF 側のとき}：v_L = E - V_o
\end{aligned}
\tag{9.4}
$$

繰り返し周期ごとのインダクタの電圧の平均値は 0 となることを考慮すると，

$$
ET_{on} + (E - V_o)T_{off} = 0 \tag{9.5}
$$

となり，整理すると次式が得られる．

$$
V_o = \frac{T_{on} + T_{off}}{T_{off}} E \tag{9.6}
$$

式 (9.6) より出力電圧 V_o は入力電圧 E よりも高くなるので，図 9.2 の回路は昇圧形チョッパであることがわかる．

9.1.3 昇降圧形チョッパの原理

図 9.3 においてスイッチ SW が ON 側のとき，電流は $E \to L \to E$ の経路となる（経路①）．そしてスイッチ SW が OFF 側に切り換わると，$L \to V_o \to L$ の経路となる（経路②）．

インダクタの電圧 v_L は次のようになる．

$$
\begin{aligned}
&\text{SW が ON 側のとき}：v_L = E \\
&\text{SW が OFF 側のとき}：v_L = V_o
\end{aligned}
\tag{9.7}
$$

降圧形と昇圧形チョッパと同様に，繰り返し周期ごとのインダクタの電圧の平均値は0となることを考慮すると，

$$ET_{on} + V_o T_{off} = 0 \tag{9.8}$$

となり，整理すると次式が得られる．

$$V_o = -\frac{T_{on}}{T_{off}} E \tag{9.9}$$

式 (9.9) より，$T_{on} < 0.5T$ のとき出力電圧 V_o の絶対値は入力電圧 E よりも低くなるので降圧形チョッパであり，$T_{on} > 0.5T$ のとき出力電圧 V_o の絶対値は入力電圧 E よりも大きくなるので昇圧形チョッパであることがわかる．このような回路を昇降圧形チョッパとよぶ．

9.2 降圧形チョッパ

9.2.1 平滑化キャパシタ付きの場合の回路

実際の降圧形チョッパは，図 9.1 のスイッチをトランジスタとダイオードに置き換える．スイッチが ON のとき電流は $E \to \mathrm{SW} \to L \to V_o \to E$ となり（経路①），OFF のとき電流は $L \to V_o \to L$ となる（経路②）ことを考慮すると，図 9.1 は図 9.4 のように構成できる．ここで，V_o は抵抗 R とキャパシタ C を並列に接続することで表した．

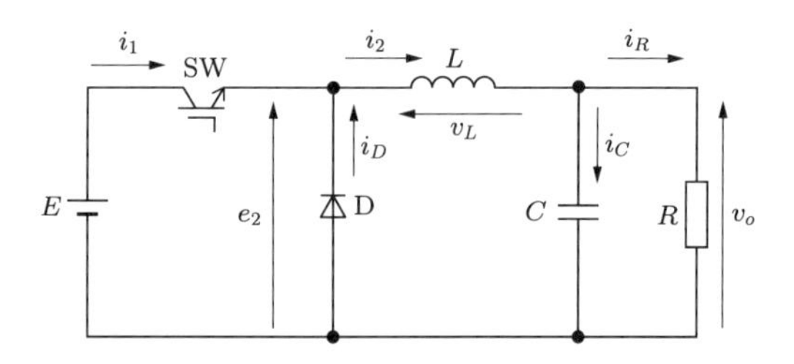

図 9.4　降圧形チョッパ（平滑化キャパシタ付き）

9.2.2 回路の動作

AC-DC 変換回路のときと同様に，DC-DC 変換回路の場合も電力用半導体素子のオン，オフによってどのような回路構成になるかを理解することが重要である．

そのときに，以下の電力用半導体素子の性質を考慮して回路の状態を考える必要がある．

- ダイオードは，アノード－カソード間電圧が正になればオンする．そして，電流が 0 になればオフする．
- トランジスタは，ドレイン－ソース間電圧（あるいはコレクター－エミッタ間電圧）が正，つまり順電圧がかかっている状態のときに，オン信号（ゲート電圧あるいはベース電流）を印加すればオンする．そして，オン信号を切ればオフする．

図 9.1 の回路と図 9.4 の回路の動作が同じになることを確かめよう．図 9.4 の回路の各部の電流波形は**図 9.5** のようになる．

- 期間①：SW がオンし，電流は $E \to$ SW $\to L \to R$ と C の並列回路 $\to E$ の経路で流れ，$e_2 = E$ となる．

  詳細：初期状態では回路に電流は流れていないと仮定する．電流が流れていなければ $e_2 = 0$ となっているので，スイッチ SW には順電圧がかかっている．SW は，順電圧がかかっている状態でオン信号を送ればオンする．SW がオンしたときの電圧降下を 0 V とすれば，$e_2 = E - ($SW の電圧降下 0 V$) = E$ となる．つまり D には逆電圧が加わるので，電流は D には流れず，$E \to$ SW $\to L \to R$ と C の並列回路 $\to E$ の経路で流れる．

- 期間②：SW がオフし，電流は D $\to L \to R$ と C の並列回路 $\to$ D の経路で流れ，$e_2 = 0$ となる．

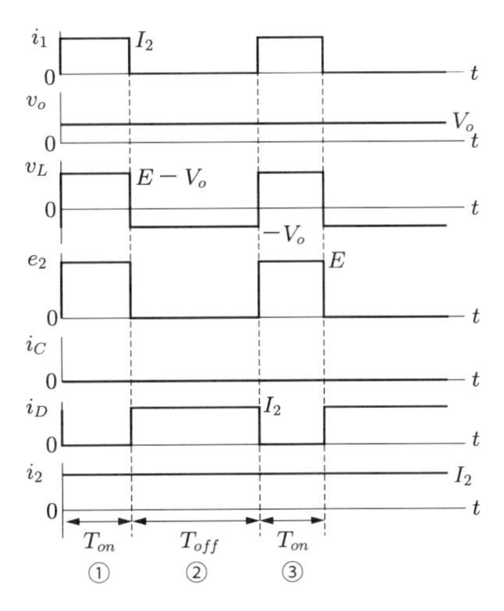

図 9.5　図 9.4 の回路の電圧，電流波形

詳細：SW は，電流が流れている状態でオン信号を切るとオフする．このとき，L に流れている電流は D を通って流れ続ける．あるいは，電流が急に 0 になると，L の両端に式 (6.1) で示される高い電圧が発生し，D には順電圧が加わりオンすると考えることもできる．ダイオードがオンすれば高い電圧は発生しない．したがって，電流は D $\rightarrow L \rightarrow R$ と C の並列回路 $\rightarrow$ D の経路で流れる．このとき，ダイオード特性を理想的と仮定すると $e_2 = 0$ となっている．

- 期間③：SW がオンし，電流は $E \rightarrow$ SW $\rightarrow L \rightarrow R$ と C の並列回路 $\rightarrow E$ の経路で流れ，$e_2 = E$ となる．

  詳細：SW にオン信号を送る．初期状態では電流は流れていないと仮定したが，期間②で示したように，電流が D $\rightarrow L \rightarrow R$ と C の並列回路 $\rightarrow$ D の経路で流れているときでも $e_2 = 0$ なので，SW には順電圧が加わっている．この状態でオン信号を送れば，SW はオンする．SW がオンすると，D には逆方向電圧 E が加わるため，i_D は急に 0 になり，電流 i_2 の経路は i_D から急に i_1 に切り換わる．

- 以降，期間②と③を繰り返す．なお，図 9.5 の電圧，電流波形は時間が経ち過渡現象が終了した状態を示しており，期間①の波形は期間③と同じとしている．

9.2.3　各部の電圧，電流波形

インダクタ L が十分大きく，流れる電流の脈動が無視できる場合について，図 9.5 に示した各部の電圧，電流波形を見てみる．ここで，以下のように電流 i_2 を一定値 I_2 と仮定する．

$$i_2 = I_2 \tag{9.10}$$

- 期間①，③：電流は D には流れず，$E \rightarrow$ SW $\rightarrow L \rightarrow R$ と C の並列回路 $\rightarrow E$ の経路で流れるので，各部の電流は次のようになる．

$$i_1 = i_2 = I_2, \qquad i_D = 0 \tag{9.11}$$

  L の電流が一定値 I_2，電圧 v_o も一定値 V_o となるので，L の両端の電圧も

$$v_L = E - V_o \tag{9.12}$$

  と一定値になる．

- 期間②：電流は D $\rightarrow L \rightarrow R$ と C の並列回路 $\rightarrow$ D の経路で流れるので，各部の電流は次のようになる．

$$i_D = i_2 = I_2, \qquad i_1 = 0 \tag{9.13}$$

また，L の両端の電圧は次式となる．

$$v_L = -V_o \tag{9.14}$$

v_o が一定値 V_o のとき，i_R も一定値 $I_R = V_o/R$ となる．ここで，繰り返し周期ごとのキャパシタの電流 i_C の平均値は 0 となることを思い出して，i_2 と i_R が一定値であることを考慮すると，次式となる．

$$I_2 = I_R = \frac{V_o}{R}, \qquad i_C = 0 \tag{9.15}$$

繰り返し周期ごとのインダクタの電圧の平均値は 0 となることを思い出すと，図 9.5 においては次式が成り立つ．

$$(E - V_o)T_{on} - V_o T_{off} = 0 \tag{9.16}$$

式を変形すると，

$$V_o = \frac{T_{on}}{T_{on} + T_{off}} E = \alpha E \tag{9.17}$$

となる．また，i_1 は T_{on} の期間で I_2，T_{off} の期間で 0 となるので，その平均値 I_1 は次式のように表せる．

$$I_1 = \frac{T_{on}}{T_{on} + T_{off}} I_2 = \alpha I_2 = \alpha I_R \tag{9.18}$$

式 (9.17) より出力電圧は入力電圧の α 倍，式 (9.18) より出力電流は入力電流の $1/\alpha$ 倍となる．この関係は，交流の電圧，電流の大きさを変換する変圧器が，巻数比 $1:\alpha$ の理想変圧器（巻線抵抗や漏れインダクタンスを無視できる理想的な変圧器）と同様に扱うことができるということを示している．

電力を考えると，

$$\begin{aligned} &\text{入力電力 } P_1 = EI_1 \\ &\text{出力電力 } P_2 = V_o I_R = \alpha E \frac{I_1}{\alpha} = EI_1 = \text{入力電力} \end{aligned} \tag{9.19}$$

となる．ここではスイッチ SW を理想的として損失を無視しており，インダクタ L も損失をもたないので，当然の結果である．

9.2.4 平滑化キャパシタなしの場合の回路

前節で説明したように $i_C = 0$ であるので，図 9.4 から C を取り除いた**図 9.6** の回路の動作および電圧，電流波形は図 9.4 のそれらと同じになる†2.

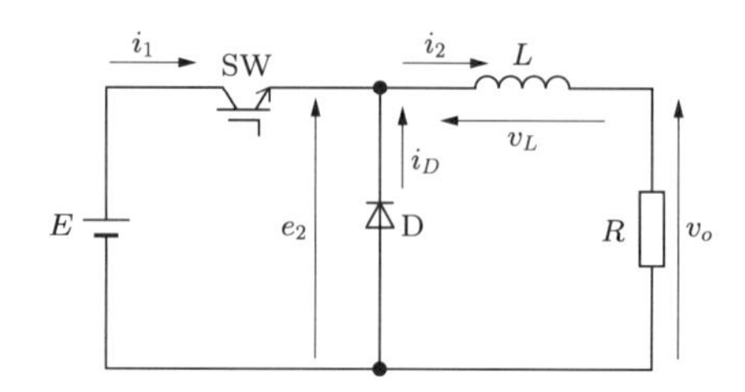

図 9.6 降圧形チョッパ（平滑化キャパシタなし）

さらに，抵抗 R の電圧が脈動してもよい場合は，2.2 節で説明したように，図 9.6 から D と L を取り除いた回路とすることができる．この場合の動作および電圧，電流波形については 2.2 節を参照されたい．

9.3 昇圧形チョッパ

実際の昇圧形チョッパは，図 9.2 のスイッチをトランジスタとダイオードに置き換える．スイッチが ON 側のとき電流は $E \to L \to E$ となり（経路①），OFF 側のとき電流は $E \to L \to V_o \to E$ となる（経路②）ことを考慮すると，図 9.2 は**図 9.7** のように構成できる．ここで，V_o は抵抗 R とキャパシタ C を並列に接続することで表した．

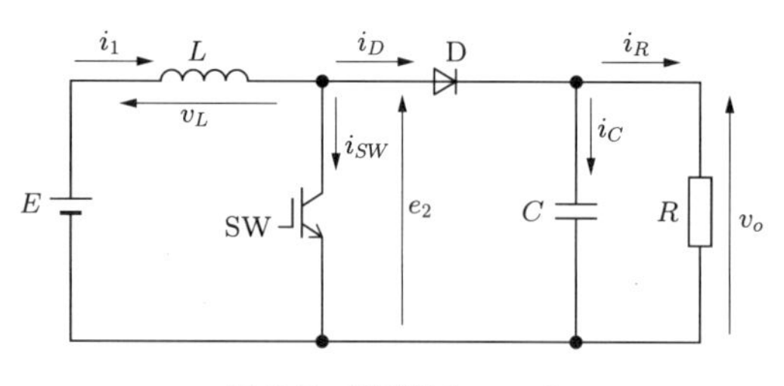

図 9.7 昇圧形チョッパ

†2 図 9.4 の回路は，電流の平滑化インダクタ L と電圧の平滑化キャパシタ C の両方を挿入して，負荷 R の電圧の平滑化を積極的にはかった回路ということができる．

9.3.1 回路の動作

図 9.2 の回路と図 9.7 の回路の動作が同じになることを確かめよう．図 9.7 の回路の各部の電圧，電流波形は**図 9.8** のようになる．

- 期間①：SW がオンし，電流は $E \to L \to \mathrm{SW} \to E$ の経路で流れる．

  詳細：初期状態では回路に電流が流れていないと仮定する．インダクタ L の電流が 0 であるので，スイッチ SW には順電圧がかかっている．SW にオン信号を送らない状態で電源を接続すると，$E \to L \to \mathrm{D} \to C$ と R の並列回路 $\to E$ の電流が流れているときもあるが，このときもスイッチ SW には順電圧がかかっている．SW は，順電圧がかかっている状態でオン信号を送ればオンする．SW がオンしたとき，電流は $E \to L \to \mathrm{SW} \to E$ の経路で流れる．このとき SW の電圧降下は 0 V なので，D には順電圧が加わらず電流は流れない．

- 期間②：SW がオフし，電流は $E \to L \to \mathrm{D} \to C$ と R の並列回路 $\to E$ の経路で流れる．

  詳細：SW は，電流が流れている状態でオン信号を切るとオフする．このとき，L に流れている電流は D を通って流れ続ける．あるいは，電流が急に 0 になると，L の両端に式 (6.1) で示される高い電圧が発生し，D には順電圧が加わりオンすると考えることもできる．ダイオードがオンすれば高い電圧は発生しない．したがって，電流は $E \to L \to \mathrm{D} \to C$ と R の並列回路 $\to E$ の経路で流れる．C への電流の向きを考慮すると，v_o は正の電圧となることがわかる．

- 期間③：SW がオンし，電流は $E \to L \to \mathrm{SW} \to E$ の経路と，$C \to R \to C$ の経路で流れる．

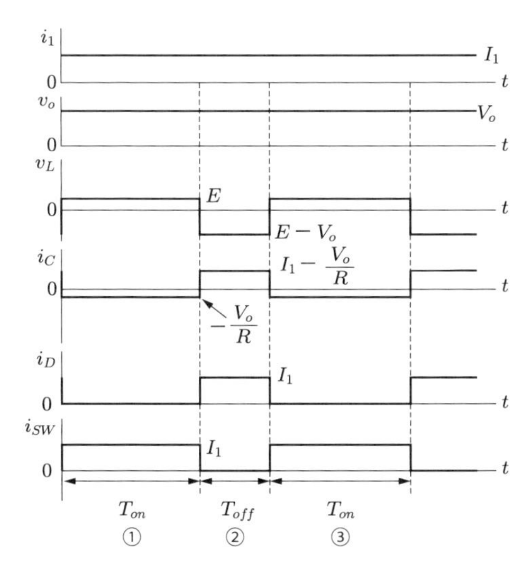

図 9.8　図 9.7 の回路の電圧，電流波形

詳細：SW にオン信号を送る．初期状態では電流は流れていないと仮定したが，期間②で示したように，電流が $E \to L \to \mathrm{D} \to C$ と R の並列回路 $\to E$ の経路で流れているときでも D の電圧降下は 0 V なので，SW には C の電圧と等しい順電圧が加わっている．この状態でオン信号を送れば，SW はオンする．SW がオンすると，D には逆方向電圧 v_0 が加わるため，i_D は急に 0 になり，電流 i_1 の経路は i_D から急に i_{SW} に切り換わる．また，出力側の RC について考えると，C に電荷が蓄えられているので，放電電流が $C \to R \to C$ の経路で i_R の向きに流れる．

- 以降，期間②と③を繰り返す．なお，図 9.8 の電圧，電流波形は時間が経ち過渡現象が終了した状態を示しており，期間①の波形は期間③と同じとしている．

9.3.2　各部の電圧，電流波形

C と L は十分大きく，C の電圧 v_0 は一定値 V_o，L の電流 i_1 は一定値 I_1 と仮定する．このとき，R に流れる電流も一定値 $I_R = V_o/R$ となる．

- 期間①，③：電流は D には流れず，$E \to L \to \mathrm{SW} \to E$ の経路と，$C \to R \to C$ の経路で流れるので，各部の電流は次のようになる．

$$i_1 = i_{SW} = I_1 \tag{9.20}$$

$$i_C = -i_R = -I_R = -\frac{V_o}{R} \tag{9.21}$$

また，L の両端の電圧は次式となる．

$$v_L = E \tag{9.22}$$

- 期間②：電流は $E \to L \to \mathrm{D} \to C$ と R の並列回路 $\to E$ の経路で流れるので，各部の電流は次のようになる．

$$i_1 = i_D = I_1 \tag{9.23}$$

$$i_{SW} = 0 \tag{9.24}$$

$$i_C = i_D - i_R = I_1 - I_R = I_1 - \frac{V_o}{R} \tag{9.25}$$

また，L の両端の電圧は次式となる．

$$v_L = E - V_o \tag{9.26}$$

繰り返し周期ごとのインダクタの電圧の平均値が 0 となることを思い出せば，式 (9.26) の v_L は負となり，次式が成り立つ．

$$ET_{on} + (E - V_o)T_{off} = 0 \tag{9.27}$$

式を変形すると，

$$V_o = \frac{T_{on} + T_{off}}{T_{off}} E = \frac{1}{1-\alpha} E \tag{9.28}$$

となる．ここで，通流率 α は $0 \leq \alpha \leq 1$ なので

$$V_o \geq E \tag{9.29}$$

となり，昇圧されることがわかる．ただし，α を 1 に近い値とすることは実際の回路ではできない．

また，繰り返し周期ごとのキャパシタの電流の平均値が 0 となることを思い出せば，次式が成り立つ．

$$-I_R T_{on} + (I_1 - I_R) T_{off} = 0 \tag{9.30}$$

$$I_R = \frac{T_{off}}{T_{on} + T_{off}} I_1 = (1-\alpha) I_1 \tag{9.31}$$

電力を考えると，

$$\begin{aligned} &\text{入力電力 } P_1 = E I_1 \\ &\text{出力電力 } P_2 = V_o I_R = \left(\frac{1}{1-\alpha} E\right)(1-\alpha) I_1 = E I_1 = \text{入力電力} \end{aligned} \tag{9.32}$$

となる．スイッチ SW を理想的として損失を無視しており，インダクタ L とキャパシタ C も損失をもたないので，当然の結果である．

9.3.3 インダクタの作用

図 9.7 の回路による昇圧をエネルギーの観点から説明する．SW がオンのとき電流は $E \to L \to \mathrm{SW} \to E$ の経路で流れる．インダクタの電圧 v_L が正なので，電流 i_1 は増加し，インダクタに磁気エネルギーが蓄えられる．そして，SW がオフのとき電流は $E \to L \to D \to C$ と $R \to E$ の経路で流れる．インダクタの電圧 v_L が負なので，電流 i_1 は減少し，インダクタに蓄えられた磁気エネルギーは放出される．このとき，式 (9.26) より出力電圧は次式となる．

$$V_o = E - v_L \tag{9.33}$$

したがって，入力電圧とインダクタの電圧が直列になって E より高い電圧が出力に現れることで昇圧が行われる．

本章のまとめ

- DC-DC 変換を行う基本的な回路には，出力電圧を下げる降圧形チョッパ，出力電圧を上げる昇圧形チョッパ，両方できる昇降圧形チョッパがある．
- 出力にキャパシタをもつ直流チョッパでは，原理的には，スイッチ付きのインダクタを出力側に接続すると降圧形，入力側に接続すると昇圧形，中央に接続すると昇降圧形となる．
- 降圧形チョッパでは，通流率を α としたとき，出力電圧は入力電圧の α 倍，出力電流は入力電流の $1/\alpha$ 倍となる．
- 昇圧形チョッパでは，通流率を α としたとき，出力電圧は入力電圧の $1/(1-\alpha)$ 倍，出力電流は入力電流の $1-\alpha$ 倍となる．

演習問題

9.1　図 9.4 の回路を用いて，入力電圧 100 V を出力電圧の平均値が 25 V になるようにしたい．トランジスタのオン期間とオフ期間を求めなさい．ただし，スイッチング周波数 5 kHz，L と C は十分大きいとする．

9.2　図 9.7 の回路を用いて，入力電圧 20 V を出力電圧の平均値が 50 V になるようにしたい．トランジスタのオン期間とオフ期間を求めなさい．ただし，スイッチング周波数 5 kHz，L と C は十分大きいとする．

9.3　降圧形チョッパと昇圧形チョッパにおいて，通流率 α と出力電圧の関係をグラフに示しなさい．ただし，入力直流電圧は 100 V とする．

9.4　図 9.7 の回路において，スイッチ SW がオンのときとオフのときの回路を描きなさい．ただし，スイッチ SW とダイオード D は，オンしている場合は短絡して，オフしている場合は開放しているとする．

9.5　演習問題 9.2 において，$R = 50\ \Omega$ とするとき，以下を求めなさい．

(1) R に流れる電流
(2) 入力電流
(3) オン期間に L に蓄えられるエネルギー
(4) オフ期間に L から放出されるエネルギー
(5) オン期間に C から放出されるエネルギー
(6) オフ期間に C に蓄えられるエネルギー

10 DC-DC 変換②

本章では，DC-DC 変換の昇降圧形チョッパを説明する．次に，インダクタの値が有限のときや，昇圧形チョッパと降圧形チョッパを組み合わせた回路について説明する．

10.1 昇降圧形チョッパ

前章で，降圧形チョッパと昇圧形チョッパの実際の回路の構成方法を説明した．同様に，実際の昇降圧形チョッパは，図 9.3 のスイッチをトランジスタとダイオードに置き換える．スイッチが ON のとき電流は $E \to L \to E$ となり（経路①），OFF のとき電流経路は $L \to V_o \to L$ となる（経路②）ことを考慮すると，図 9.3 は図 10.1 のように構成できる．ここで，V_o は抵抗 R とキャパシタ C を並列に接続することで表した．

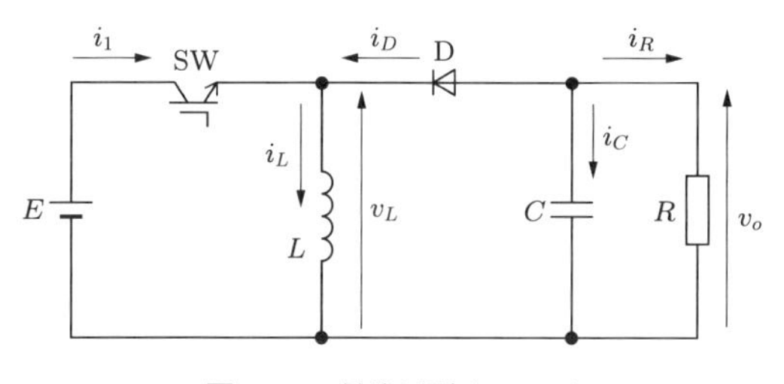

図 10.1　昇降圧形チョッパ

10.1.1 回路の動作

図 10.1 の回路の各部の電圧，電流波形は図 10.2 のようになる．

- 期間①：SW がオンし，電流は $E \to \mathrm{SW} \to L \to E$ の経路で流れる．

  詳細：初期状態では回路に電流は流れず，キャパシタ C の電圧も 0 と仮定する．この状態では $v_L = 0$ なので，スイッチ SW には順電圧がかかっている．SW は，順電圧がかかっている状態でオン信号を送ればオンする．SW がオンしたとき，電流は $E \to \mathrm{SW} \to L \to E$ の経路で流れる．このとき SW の電圧降下は 0 V なので，D には順電圧が加わらず電流は流れない．

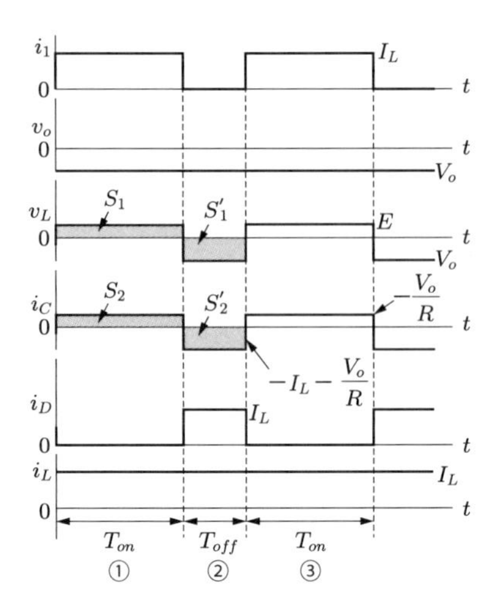

図 10.2　図10.1の回路の電圧，電流波形

- 期間②：SWがオフし，電流は$L \to C$とRの並列回路$\to$ D $\to L$の経路（ただし，電流の向きはi_Cとは逆向き）で流れる．

  詳細：SWは，電流が流れている状態でオン信号を切るとオフする．このとき，Lに流れている電流はDを通って流れ続ける．あるいは，電流が急に0になると，Lの両端に式(6.1)で示される高い電圧が発生し，Dには順電圧が加わりオンすると考えることもできる．Dがオンすれば高い電圧は発生しない．したがって，電流は$L \to C$とRの並列回路$\to$ D $\to L$の経路で流れる．Cへの電流の向きを考慮すると，v_oは負の電圧となり，Cには下側に正の電荷，上側に負の電荷が蓄えられることがわかる．

- 期間③：SWがオンし，電流は$E \to$ SW $\to L \to E$の経路と$C \to R \to C$の経路（ただし，電流の向きはi_Cの向き）で流れる．

  詳細：初期状態では電流は流れていないと仮定したが，期間②で示したように，電流が$L \to C$とRの並列回路$\to$ D $\to L$の経路で流れているとき，Lの電圧v_Lは負の電圧であるv_oと等しくなっている．したがってSWには正の電圧（$-v_o$とEの和）が加わっているので，オン信号を送ればオンする．SWがオンすると，Dには逆方向電圧（$-v_o$とEの和）が加わるため，i_Dは急に0になり，電流i_Lの経路はi_Dから急にi_1に切り換わる．また，出力側のRCについて考えると，Cに電荷が蓄えられているので，放電による電流が$C \to R \to C$の経路でi_Cの向きに流れる．

- 以降，期間②と③を繰り返す．なお，図10.2の電圧，電流波形は時間が経ち過渡現象が終了した状態を示しており，期間①の波形は期間③と同じとしている．

10.1.2 各部の波形

C と L は十分大きく，C の電圧 v_o と L の電流 i_L は一定値 V_o，I_L と仮定する．このとき，R に流れる電流も一定値 $I_R = V_o/R$ となる．

- 期間①，③：電流は D には流れず，$E \to \mathrm{SW} \to L \to E$ の経路と，$C \to R \to C$ の経路（ただし，電流の向きは i_C の向き）で流れるので，各部の電流は次のようになる．

$$i_1 = i_L = I_L \tag{10.1}$$

$$i_C = -i_R = -I_R = -\frac{V_o}{R} \tag{10.2}$$

また，L の両端の電圧は次式となる．

$$v_L = E \tag{10.3}$$

- 期間②：電流は $L \to C$ と R の並列回路 $\to \mathrm{D} \to L$ の経路（ただし，電流の向きは i_C とは逆向き）で流れるので，各部の電流は次のようになる．

$$i_1 = 0 \tag{10.4}$$

$$i_C = -i_L - i_R = -I_L - I_R \tag{10.5}$$

また，L の両端の電圧は次式となる．

$$v_L = v_o = V_o \tag{10.6}$$

繰り返し周期ごとのインダクタ L の電圧の平均値は 0 となることを思い出せば，図 10.2 に示す面積 S_1，S_1' について次式が成り立つ．

$$S_1 = S_1', \qquad ET_{on} = -V_o T_{off} \tag{10.7}$$

式変形すると，

$$V_o = -\frac{\alpha}{1-\alpha}E \tag{10.8}$$

となる．式 (10.8) より，V_o は負の値，つまり E と極性が逆になる．また，通流率 α は $0 \leq \alpha \leq 1$ なので

$$\begin{aligned} &\alpha < 0.5 \text{ のとき：} |V_o| < E \\ &\alpha > 0.5 \text{ のとき：} |V_o| > E \end{aligned} \tag{10.9}$$

となる．つまり，α の値によって降圧，昇圧いずれも可能であることがわかる．

また，繰り返し周期ごとのキャパシタの電流の平均値は0となることを思い出せば，図に示す面積 S_2，S_2' について次式が成り立つ．

$$S_2 = S_2', \qquad -I_R T_{on} = (I_L + I_R) T_{off} \tag{10.10}$$

入力電流 i_1 については，T_{on} の期間だけ I_L が流れるので，i_1 の平均値 I_1 は次式で表される．

$$I_1 = \frac{T_{on}}{T_{on} + T_{off}} I_L = \alpha I_L \tag{10.11}$$

式 (10.10) と式 (10.11) より I_R を求めると

$$I_R = -\frac{1-\alpha}{\alpha} I_1 \tag{10.12}$$

となり，電力を考えると，

$$\begin{aligned} &\text{入力電力 } P_1 = E I_1 \\ &\text{出力電力 } P_2 = V_o I_R = \left(-\frac{\alpha}{1-\alpha} E\right)\left(-\frac{1-\alpha}{\alpha} I_1\right) \\ &\qquad\qquad\quad = E I_1 = \text{入力電力} \end{aligned} \tag{10.13}$$

となる．スイッチ SW を理想的として損失を無視しており，インダクタ L とキャパシタ C も損失をもたないので，当然の結果である．

10.1.3　インダクタの作用

図 10.1 の回路による降圧，昇圧をエネルギーの観点から説明する．SW がオンのとき電流は $E \to \mathrm{SW} \to L \to E$ の経路で流れる．インダクタの電圧が正なので，電流 i_L は増加し，インダクタに磁気エネルギーが蓄えられる．そして，SW がオフのとき電流は $L \to C$ と R の並列回路 $\to \mathrm{D} \to L$ の経路で流れる．インダクタの電圧が負なので，電流 i_L は減少し，L に蓄えられた磁気エネルギーは放出されて C に蓄えられる（R にも流れる）．このとき，式 (10.6) より出力電圧は次式となる．

$$V_o = v_L = L\frac{di_L}{dt} \tag{10.14}$$

したがって，昇圧形チョッパと異なり E を含まないので，昇圧とは限らず，$v_L = L(di_L/dt)$ の値によって昇圧，降圧のいずれも可能になる．

10.2 チョッパ構成の際の注意点

降圧形チョッパの原理の回路図 9.1 から実際の回路図 9.4 を構成する際，トランジスタ SW とダイオード D はスイッチとして動作しているので，SW と D を入れ換えることも可能ではないかという疑問をもつかもしれない．そこで，図 9.4 の D と SW を入れ換えて，電流の向きを考慮して回路を構成した**図 10.3** の動作を考えてみる．

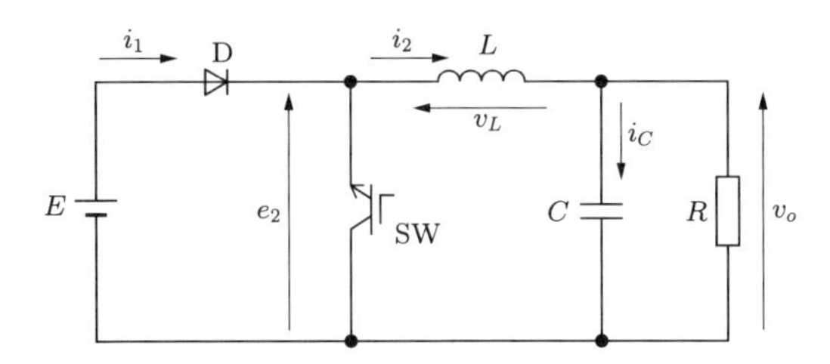

図 10.3　図 9.4 の SW と D を入れ換えた回路（実際には動作しない）

SW にオン信号を入れないときの D について見てみると，電流は $E \to$ D $\to$ $L \to C$ と R の並列回路 $\to E$ の経路で流れる．次に，SW にオン信号を入れたときの D について見てみる．D がオンしている状態では，$e_2 = E$ の逆電圧が SW にかかっているので，SW はオンしない．したがって，D もオフしない．つまりこの回路構成では，SW が動作せず降圧形チョッパにならないことがわかる．

同様に，図 9.7 の昇圧形チョッパのトランジスタ SW とダイオード D を入れ換えた場合，回路は動作しない．また，図 10.1 の昇降圧形チョッパのトランジスタ SW とダイオード D を入れ換えた場合，回路は動作しない．

10.3 電流の平滑化が十分でない場合

これまで，電流平滑化インダクタ L は十分大きいとしていた．この節では，インダクタ L の値があまり大きくなく，電流の平滑化が十分ではない場合について考えてみる．

図 10.4 に示す昇圧形チョッパについて説明する（降圧形や昇降圧形チョッパも同様に扱える）．ここで，電圧平滑化キャパシタ C は十分大きいとする．第 9 章で説明したように，スイッチ SW がオンのとき，電流は $E \to L \to$ SW $\to E$ の経路と $C \to R \to C$ の経路で流れる．またスイッチ SW がオフのとき，電流は $E \to$

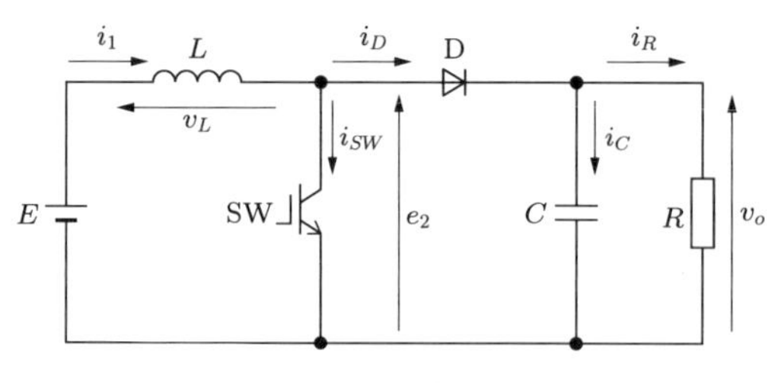

図 10.4　昇圧形チョッパ

$L \to$ D $\to C$ と R の並列回路 $\to E$ の経路で流れる．

SW がオンのとき回路方程式は

$$E = L\frac{di_1}{dt} \tag{10.15}$$

となり，SW がオフのとき，キャパシタの電圧を一定の V_o とすると

$$E - V_o = L\frac{di_1}{dt} \tag{10.16}$$

となる．$t = 0$ のときの電流を $i_1(0)$ とすると，式 (10.15) より

$$i_1(t) = \frac{E}{L}t + i_1(0) \tag{10.17}$$

となり，式 (10.17) で $t = T_{on}$ のときの電流を $i_1(T_{on})$ とすると

$$i_1(T_{on}) = \frac{E}{L}T_{on} + i_1(0) \tag{10.18}$$

となる．$t = T_{on}$ のときの電流 $i_1(T_{on})$ を用いて式 (10.16) を解くと，以下が得られる．

$$i_1(t) = \frac{E - V_o}{L}(t - T_{on}) + i_1(T_{on}) \tag{10.19}$$

昇圧形チョッパの電圧，電流波形を描くと**図 10.5** のようになる．図 10.5 (a) と (b) では，E，R，C，通流率 α を等しくしており，L のみが異なる．図より，L を小さくしていくと，インダクタ L の電流（ここでは入力電流 i_1）だけでなく，キャパシタ C の電流 i_C やダイオード D の電流 i_D に脈動が発生する（スイッチ SW の電流にも脈動が発生する．演習問題 10.5）．ただし，電流が断続しなければ，脈動があるときでも出力電圧は式 (9.28) と同じ次式で表せる．

$$V_o = \frac{1}{1 - \alpha}E \tag{10.20}$$

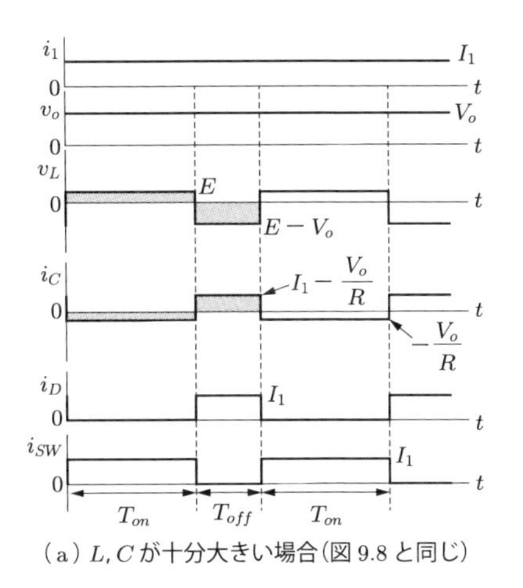

（a）L, C が十分大きい場合（図 9.8 と同じ）

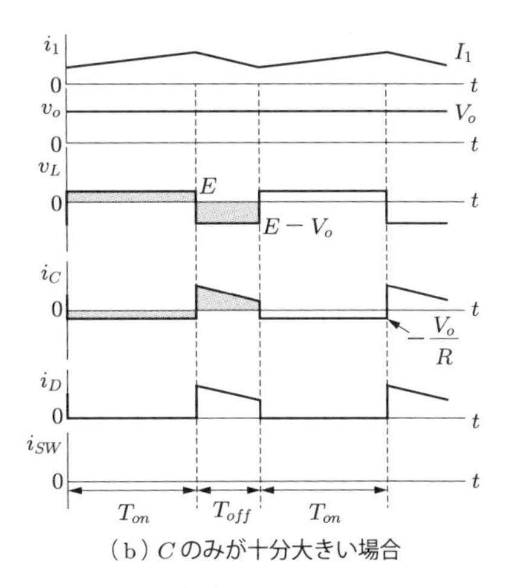

（b）C のみが十分大きい場合

図 10.5　昇圧形チョッパの電圧，電流波形

10.4　双方向チョッパ

降圧形チョッパと昇圧形チョッパを組み合わせた回路構成は**双方向チョッパ**とよばれる．**図 10.6** (a) に双方向チョッパの回路構成を示す．この回路構成は，電気自動車やハイブリッド自動車などで用いられている方式である．図中の A はバッテリ，B は第 11 章で説明するインバータとモータで構成される．力行時は，図 10.6 (b) に示すようにスイッチ SW_2 とダイオード D_1 を利用して，図 9.7 と同じ昇圧形

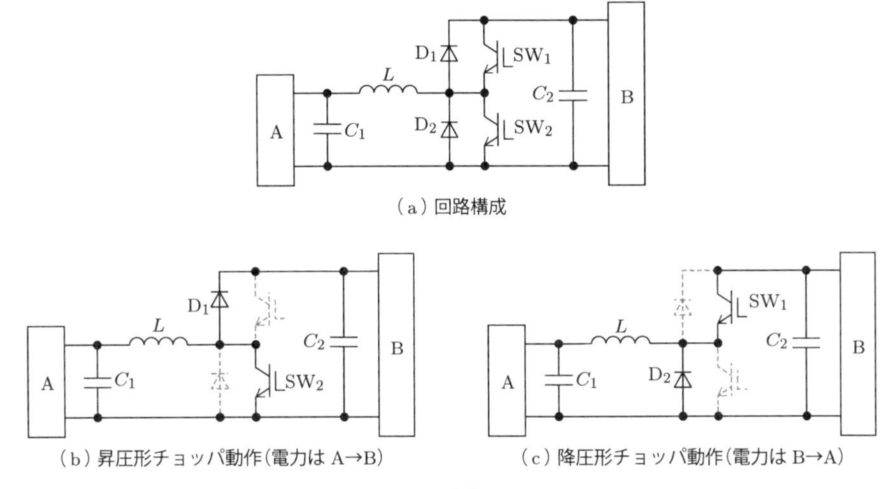

（a）回路構成

（b）昇圧形チョッパ動作（電力は A→B）

（c）降圧形チョッパ動作（電力は B→A）

図 10.6　双方向チョッパ

チョッパを構成し，バッテリの電圧を高くしてモータに供給する．回生によってブレーキを掛けるときは，図 10.6 (c) に示すようにスイッチ SW_1 とダイオード D_2 を利用して，図 9.4 と同じ降圧形チョッパを構成し，モータを発電機として動作させて，発電する電圧を低くしてバッテリに供給する．

本章のまとめ

- 昇降圧形チョッパの出力電圧は通流率によって降圧，昇圧が切り換わる．出力電圧の極性は入力電圧 E とは逆である．
- チョッパにおいて，電流の平滑化が十分でない場合，インダクタやキャパシタに流れる電流に脈動が発生する．
- 昇圧形チョッパと降圧形チョッパを組み合わせたものは双方向チョッパとよばれ，電気自動車やハイブリッド自動車で力行と回生ブレーキに利用されている．

演習問題

10.1　式 (10.8) および式 (10.12) を導出しなさい．

10.2　図 10.1 の回路を用いて，入力電圧 25 V を出力電圧の大きさ 100 V に変換したい．トランジスタのオン期間とオフ期間を求めなさい．ただし，スイッチング周波数 5 kHz，L と C は十分大きいとする．

10.3　昇降圧形チョッパにおいて，通流率 α と出力電圧の関係をグラフで示しなさい．ただし，入力直流電圧は 100 V とする．

10.4　昇降圧形チョッパにおいて，スイッチ SW がオンのときとオフのときの回路を描きなさい．ただし，スイッチ SW とダイオード D は，オンしている場合は短絡して，オフしている場合は開放しているとする．

10.5　図 10.5 (b) に，スイッチ SW を流れる電流 i_{SW} の波形を追加しなさい．

10.6　図 10.1 の回路を用いて，入力電圧 100 V を出力電圧の大きさ 200 V に変換したい．$R = 20\ \Omega$ とするとき，以下を求めなさい．ただし，スイッチング周波数 5 kHz，L と C は十分大きいとする．

(1) R に流れる電流
(2) L に流れる電流
(3) オン期間に L に蓄えられるエネルギー
(4) オフ期間に L から放出されるエネルギー
(5) オン期間に C から放出されるエネルギー
(6) オフ期間に C に蓄えられるエネルギー

11 DC-AC 変換①

DC-AC 変換を行う装置をインバータ[†1]や逆変換器とよぶ．第 5 章～第 8 章で説明した AC-DC 変換の逆の変換である．インバータの回路は，単相あるいは三相全波整流回路のサイリスタをトランジスタと逆並列ダイオードに置き換えて入出力を入れ換え，直流側を入力にして交流側を出力としたものである．本章では，単相および三相インバータの原理と回路構成について説明する．

11.1 インバータの種類

インバータには，トランジスタなどの自己消弧形素子を用いた自励式と他励式がある．インバータのほとんどが自励式で，通常，インバータといえば**自励式インバータ**を指す．さらに，自励式インバータには，電圧形インバータと電流形インバータがある．その回路構成を**図 11.1** に示す．**電圧形インバータ**は，直流側回路に電圧源特性をもつインバータで，バッテリや整流回路に大容量のキャパシタを並列に接

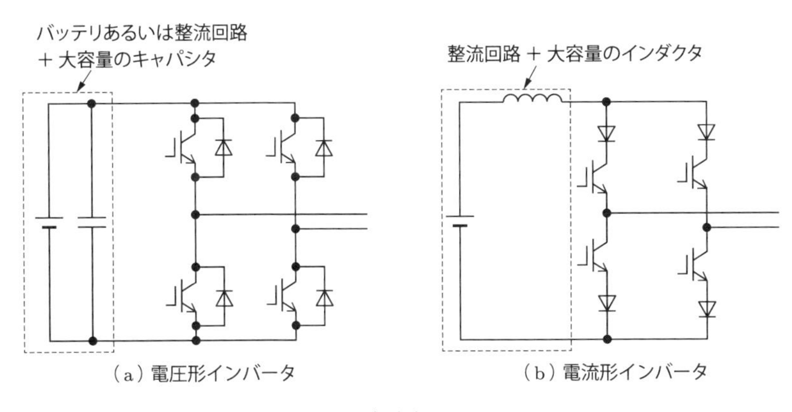

（a）電圧形インバータ　（b）電流形インバータ

図 11.1　自励式インバータ

†1 インバータや逆変換という名称は，歴史的に整流回路が先に普及したために，その逆変換をするということから来たと考えられる．また，デジタル回路の NOT 回路もインバータとよぶが，これとは異なるので注意が必要である．

続して電圧源特性をもたせている．それに対して**電流形インバータ**は，直流側に電流源特性をもつインバータで，整流回路に大容量のインダクタを直列に接続して電流源特性をもたせている．ここで注意してほしいことは，電圧形でも電圧源として動作するとは限らないということである．電圧形インバータで出力側の電流を検出して，目標の電流値に一致させるような制御を行うと，電圧源ではなくむしろ電流源としての機能をもちうる．つまり，電圧形と電流形という名称は，その出力の種類ではなく，図 11.1 に示すような回路構成の違いから来ている．

電流形インバータは直流送電や超大型のインバータで使われているが，家電や動力系用途においては，電圧形インバータが一般的である．これは，電流形インバータではトランジスタと直列に逆阻止用のダイオードを接続しなければならず，それにより電圧降下が高くなり損失が大きくなったり，直流側のインダクタの体積や質量が大きくなったりしてしまうからである．

DC-AC 変換回路には，第 6 章で学んだ単相全波サイリスタ整流回路のように直流側にインダクタをもち，点弧角の値によって直流電圧の平均値を負にすることのできるサイリスタ整流回路もある．この方式で，直流側の電圧が負になるように点弧角を設定することにより，電力の流れを直流から交流に変換することができる．これを**他励式逆変換回路**とよぶ．

本章では，最も多く使用されている自励式の電圧形インバータについて説明する．以降，自励式の電圧形インバータをインバータと記す．

11.2 インバータの原理

図 11.1 (a) を簡略化した**図 11.2** の回路で説明する．スイッチは，周期 T に対して $T/2$ ごとに切り換わるとする．

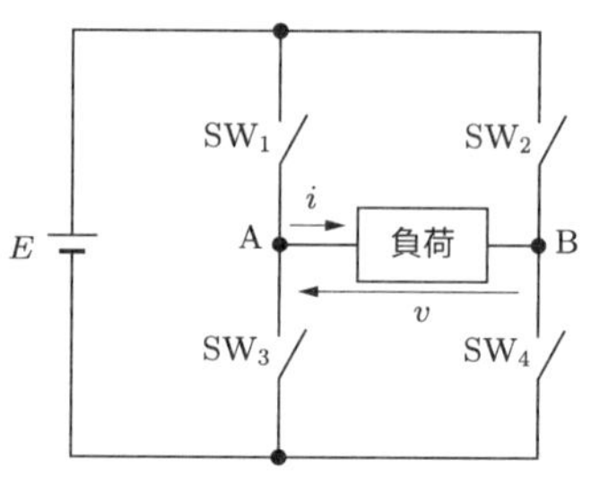

図 11.2　インバータの構成

図 11.2 において，まず SW_1 と SW_4 をオン，SW_2 と SW_3 をオフする．そのとき，負荷の電圧は $v = E$ となる．続いて，SW_2 と SW_3 をオン，SW_1 と SW_4 をオフする．そのとき，負荷の電圧は $v = -E$ となる．これを繰り返すことによって，直流電圧 E から向きの変わる方形波状の電圧 v を得ることができる．

負荷の電圧 v の波形を**図 11.3** に示す．負荷として，抵抗負荷，誘導性負荷，容量性負荷が考えられるので，それぞれの場合について電流波形を説明する．

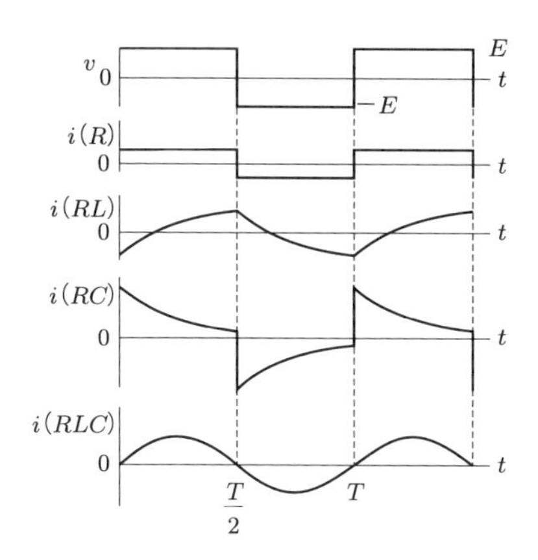

図 11.3 図 11.2 の回路の電圧，電流波形

▶抵抗負荷の場合

図 11.3 に $i(R)$ として示すように，その電流波形は v と同じ方形波状の交流波形となる．

▶ *RL* 直列負荷の場合

図 11.4 に示す方形波の電圧源と RL 直列回路について考えると，回路方程式は次式で表される．

$$v = L\frac{di}{dt} + Ri \tag{11.1}$$

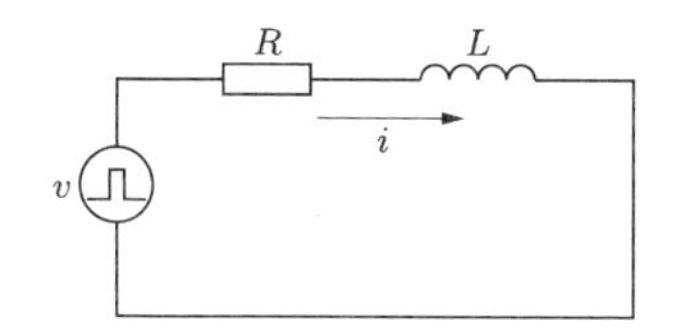

図 11.4 方形波電源の RL 直列回路

6.2 節と同様に過渡現象を解くと，

$$0 \leq t < T/2 \text{のとき}: i = \frac{E}{R}\left\{1 - \frac{2}{1+e^{-(RT/2L)}}e^{-(R/L)t}\right\} \quad (11.2)$$

$$T/2 \leq t < T \text{のとき}: i = \frac{E}{R}\left\{-1 + \frac{2}{1+e^{-(RT/2L)}}e^{-(R/L)(t-T/2)}\right\} \quad (11.3)$$

となる．式 (11.2) と (11.3) は，図 11.3 に示す $i(RL)$ のように，時定数 L/R で指数関数的に変化する連続した波形となる．スイッチ SW_1 と SW_4 がオンのとき，はじめは電流 i は負となる．つまり $E \to SW_4 \to L \to R \to SW_1 \to E$ の経路で流れる．その後，電流 i は正となる．つまり $E \to SW_1 \to R \to L \to SW_4 \to E$ の経路で流れる．各 $T/2$ の期間のはじめは，電圧と逆方向に電流が流れるので，それらの積は負となる．これは，直前の期間にインダクタに蓄積された磁気エネルギーが電源に帰還されることを意味する．

▶ *RC* 直列負荷の場合

RL 直列負荷の場合と同様に 1 階の微分方程式を解く．結果の波形は図 11.3 に示す $i(RC)$ のようになる．電流 i は電圧の立ち上がりと立ち下がりの時点において急変する波形となる．また，時定数は RC となる．

▶ *RLC* 直列負荷の場合

2 階の微分方程式を解かなければならず，少し煩雑である．たとえば，電源の周波数 f が回路の共振周波数 $f_0 = 1/(2\pi\sqrt{LC})$ と等しく，$2\pi f_0 L/R$ が 1 より十分大きい場合は，図に示すように正弦波状となる[†2]．

インバータの場合，得られる電圧は交流であるので実効値が重要となる．電圧は周期 T の方形波なので，その実効値は式 (3.3) を用いると次式となる．

$$V_{\mathit{eff}} = \sqrt{\frac{1}{T}\int_0^T v^2(t)\,dt}$$

$$= \sqrt{\frac{1}{T}\left\{\int_0^{T/2} E^2\,dt + \int_{T/2}^{T}(-E)^2\,dt\right\}} = E \quad (11.4)$$

---

†2 この状態は，出力電流が 0 A の時点でスイッチングが行われる**ゼロ電流スイッチング**とよばれる．電流が 0 A の状態でスイッチングされるためスイッチング損失が低減できる．なお，並列 LC 回路を用いて電圧を共振させて，電圧が 0 V のときスイッチングを行うゼロ電圧スイッチングとよばれる方法もある．この場合もスイッチング損失が低減できる．

11.3 インバータの回路構成

実際のインバータの回路構成を**図 11.5** に示す．前節の説明より，インバータのスイッチに要求される電圧，電流をまとめると以下のようになる．

- スイッチに印加される電圧は，0 または上側が正の一方向のみである．
- R のみあるいは RC 直列負荷では電流の流れは一方向のみだが，負荷にインダクタンス成分が含まれる場合は双方向に流れる．

したがって，負荷にインダクタンス成分が含まれる一般の場合，逆方向にも電流が流れるために，自己消弧形のトランジスタと向きが逆のダイオードを並列に接続してスイッチを実現する．このダイオードを**逆並列ダイオード**とよぶ．図 11.5 は，単相全波整流回路のサイリスタをトランジスタと逆並列ダイオードに置き換えて，直流側を入力，交流側を出力とした構成になっている．

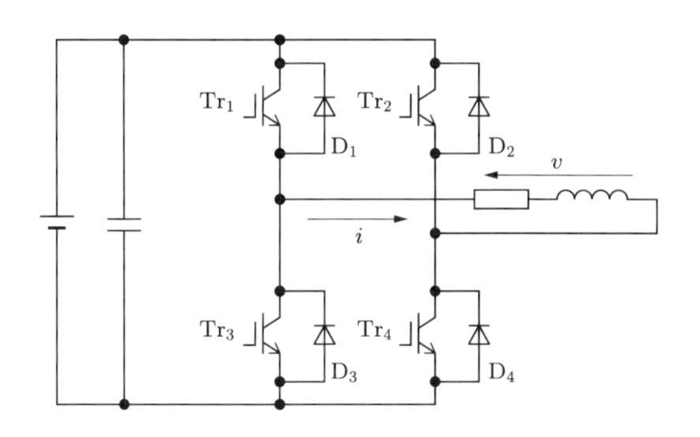

図 11.5 インバータの回路構成

逆並列ダイオードの役割を確認するために，図 11.3 の RL 直列負荷の場合の出力電流 i を，トランジスタに流れる電流とダイオードに流れる電流に分けて**図 11.6** に示す．ダイオードがオンしているとき，出力電圧 v と出力電流 i の極性は逆になり，誘導性負荷に蓄えられた磁気エネルギーが電源に戻る．このため，逆並列ダイオードは**帰還ダイオード**ともよばれる．

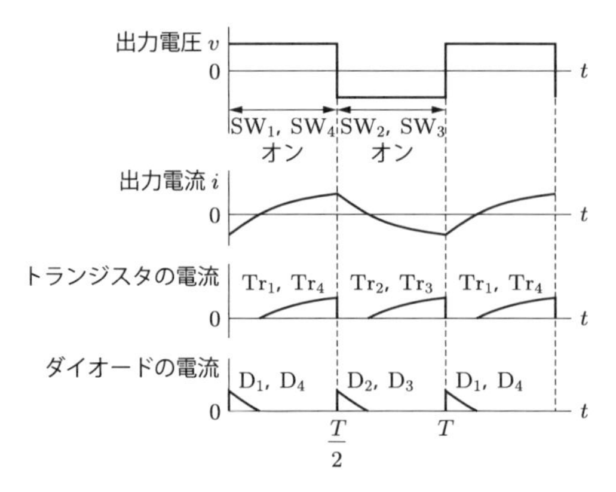

図 11.6　図 11.5 の回路の電圧，電流波形

11.4　三相インバータ

インバータには，単相インバータのほかに三相交流を発生させる**三相インバータ**がある．その回路構成を**図 11.7** に示す．単相インバータと同様に，三相全波整流回路のサイリスタをトランジスタと逆並列ダイオードに置き換えて入出力を入れ換え，直流側を入力，交流側を出力とした構成になっている．

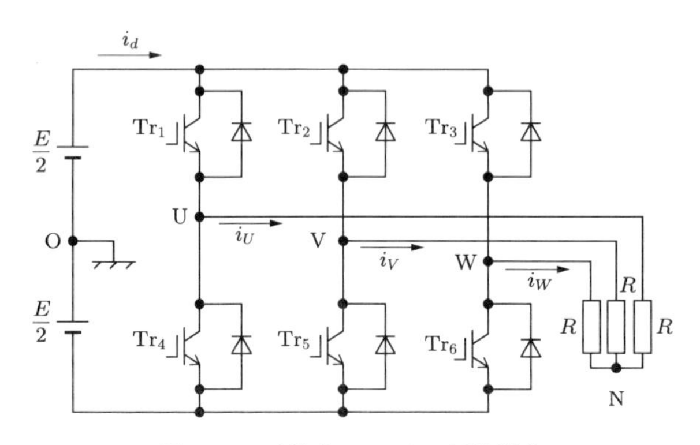

図 11.7　三相インバータの回路構成

抵抗負荷の場合について，**図 11.8** を用いて回路の動作を説明する．トランジスタを Tr_1 と Tr_4，Tr_2 と Tr_5，Tr_3 と Tr_6 の 3 組に分けて，位相を $2\pi/3$ ずつずらしたオン信号を送る．また，Tr_1 にオン信号を送るときには Tr_4 にはオフ信号，Tr_1 にオフ信号を送るときには Tr_4 にはオン信号を送る．Tr_2 と Tr_5，Tr_3 と Tr_6 についても同様である．スイッチにオン信号を送ると，単相のときと同様に，トラ

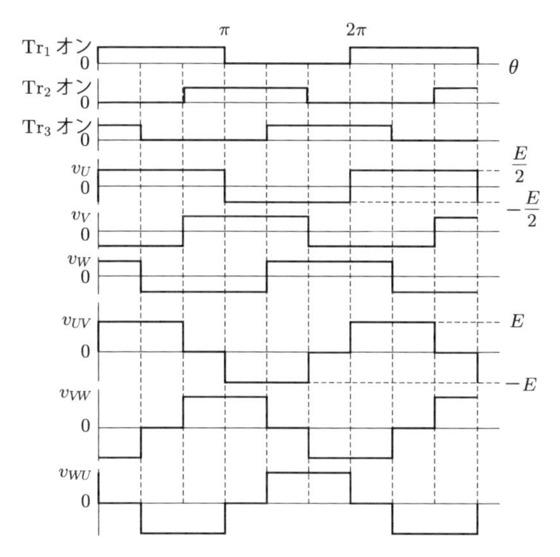

図 11.8 三相インバータの電圧波形（抵抗負荷）

ンジスタあるいは逆並列のダイオードのいずれかがオンする．したがって，端子 U，V，W の電位はスイッチのオン信号と同じ波形で，その大きさは上側のスイッチ（Tr_1，Tr_2，Tr_3）がオンのとき $E/2$ で，下側のスイッチ（Tr_4，Tr_5，Tr_6）がオンのとき $-E/2$ となる．

これらの電位を用いて，出力端子 U–V 間の電圧 v_{UV}，V–W 間の電圧 v_{VW}，W–U 間の電圧 v_{WU} を求めることができる．その結果，端子 U，V，W の電位は 180° 通電の方形波，出力の線間電圧は 120° 通電の方形波となる．

本章のまとめ

- インバータには自励式と他励式があり，自励式には電圧形と電流形がある．最も多用されているインバータは自励式の電圧形インバータである．
- インバータの出力電圧は方形波の交流である．出力電流波形は負荷により異なる．
- インバータの回路は，全波整流回路のサイリスタをトランジスタと逆並列ダイオードに置き換えて，直流側を入力，交流側を出力とした構成になる．
- 三相インバータの出力の線間電圧は 120° 通電の方形波である．

演習問題

11.1　式 (11.2) と式 (11.3) を導出しなさい.

11.2　RLC 直列回路負荷の単相インバータの場合，電源の周波数 f が回路の共振周波数 $f_0 = 1/(2\pi\sqrt{LC})$ に等しく $2\pi f_0 L/R$ が 1 より十分大きい場合，電流波形が正弦波になることを示しなさい.

11.3　図 11.7 において，各トランジスタのオン信号は周期 2π の 1/2 の π とする．各相に流れる電流 i_U，i_V，i_W および直流電源から流れる電流 i_d，中性点の電圧 v_N を図 11.8 に追加しなさい.

11.4　演習問題 11.3 で求めた各波形について，v_{UV}，i_U の実効値，i_d の平均値，抵抗全体で消費される電力を求めなさい.

DC-AC 変換②

交流電圧の基本量は実効値と周波数である．周波数（周期）については，前章で，インバータ回路のスイッチにオン，オフ信号を与えることによって，信号と同じ周期をもつ交流の出力電圧を発生させられることを説明した．

本章では，インバータの出力電圧の実効値を変える方法について説明する．また，インバータ回路で注意しなければならないデッドタイムについても説明する．

12.1 振幅を変える方法

図 12.1 において，入力電圧 E を E' に変えることによって，インバータの出力電圧の振幅を図 12.2 のように変えることができる．

式 (3.3) を用いて，方形波波形の実効値は次式となる．

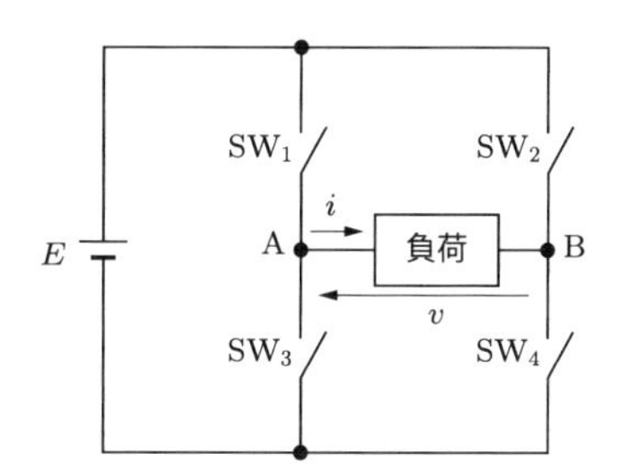

図 12.1　インバータの構成（図 11.2 再掲）

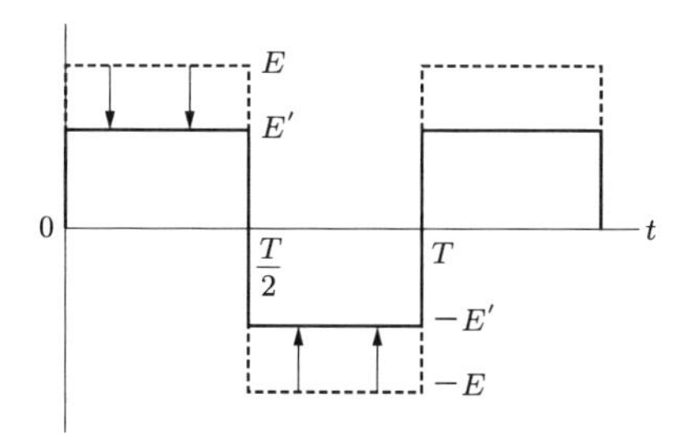

図 12.2　入力電圧の振幅を変えて出力電圧を変える方法

$$V_{eff} = \sqrt{\frac{1}{T}\int_0^T v^2(t)\,dt}$$
$$= \sqrt{\frac{1}{T}\left\{\int_0^{T/2} E'^2\,dt + \int_{T/2}^{T}(-E')^2\,dt\right\}} = E' \tag{12.1}$$

上式より，入力の直流電圧の振幅がそのまま交流電圧の実効値になることがわかる．式(3.4)，式(3.5)を参照して方形波波形の高調波成分を求めると次式となる．

$$v = \sqrt{2}\frac{2\sqrt{2}E'}{\pi}\left(\sin\omega t + \frac{1}{3}\sin 3\omega t + \frac{1}{5}\sin 5\omega t + \cdots\right) \tag{12.2}$$

上式より，すべての奇数時高調波成分を含むこと，低次高調波成分が大きいことがわかる．

インバータの入力電圧を調整するには，AC-DC変換あるいはDC-DC変換を行えばよい．

12.2 パルス幅を変える方法

図12.3のように，出力電圧波形の幅を周期の半分である$T/2$からτに変えることによって，インバータの出力電圧を変えることもできる．

式(3.3)を用いて，方形波波形の実効値は次式となる．

$$V_{eff} = \sqrt{\frac{1}{T}\int_0^T v^2(t)\,dt} = \sqrt{\frac{1}{T}\left(\int_0^{\tau} E^2\,dt + \int_{T/2}^{T/2+\tau} E^2\,dt\right)}$$
$$= \sqrt{\frac{1}{T}(2\tau E^2)} = \sqrt{\frac{\tau}{T/2}}E \tag{12.3}$$

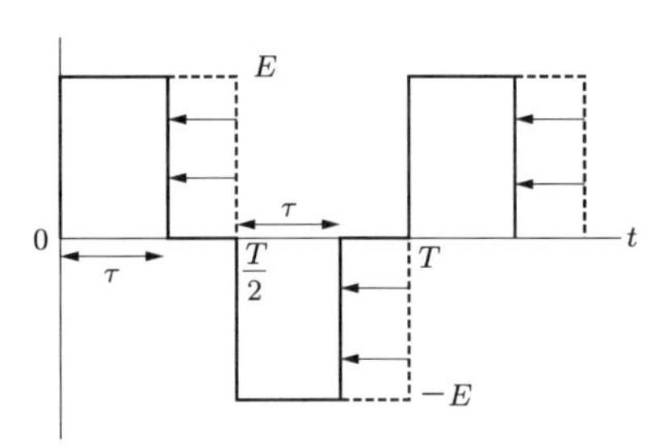

図12.3　パルス幅を変えて出力電圧を変える方法

上式より，パルス幅の平方根に比例した交流電圧の実効値を出力することがわかる．

以下，パルス幅を変える方法について説明する．11.2 節で説明したように，周期 T の単相インバータでは，SW_1 と SW_4 を $T/2$ ごとにオン，次に SW_2 と SW_3 を $T/2$ ごとにオンするという動作を繰り返していた．パルスの幅を変えるには，**図 12.4** に示すように，スイッチのタイミングをずらし，SW_1 と SW_4，SW_2 と SW_3 のオンする期間が τ になるようにする．スイッチ SW_1 にオン信号を送ると A 点の電位 v_A は電源電圧と同じ E となり，スイッチ SW_3 にオン信号を送ると v_A は 0 となる．B 点についても同様になるので，その結果，出力電圧（$v = v_A - v_B$）は図のように幅 τ の波形となる．

- 期間①：SW_1 と SW_4 がオンなので，$v_A = E$，$v_B = 0$ となり，出力電圧 $v = v_A - v_B = E$ となる．
- 期間②：SW_1 と SW_2 がオンなので，$v_A = E$，$v_B = E$ となり，出力電圧 $v = 0$ となる．
- 期間③：SW_2 と SW_3 がオンなので，$v_A = 0$，$v_B = E$ となり，出力電圧 $v = -E$ となる．
- 期間④：SW_3 と SW_4 がオンなので，$v_A = 0$，$v_B = 0$ となり，出力電圧 $v = 0$ となる．

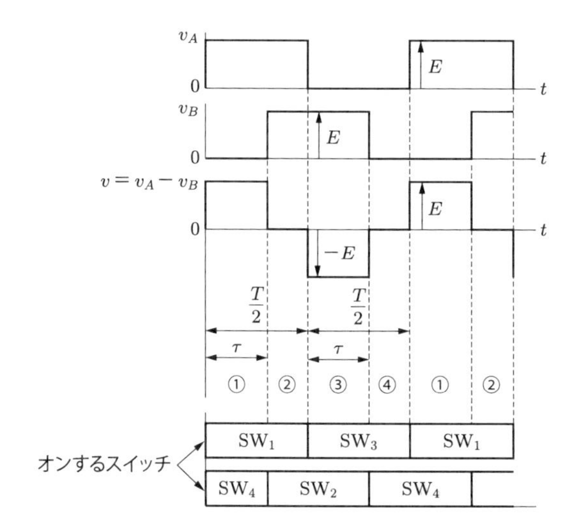

図 12.4 パルス幅を変える方法

12.3 PWM

出力電圧を調整する別の方法としては，**パルス幅変調**（PWM，Pulse Width Modulation）がある．入力電圧の振幅を変える方法（12.1節）や出力電圧のパルス幅を変える方法（12.2節）では低次の高調波成分が含まれるが（パルス幅を変える方法の高調波成分については演習問題12.1参照），PWMでは第3次や第5次の成分を低減あるいは除去できる．

12.3.1 単相PWMインバータの動作

図12.1の単相インバータを用いて，PWMを説明する．PWMにはいくつかの方法があるが，ここでは代表的な**三角波比較方式**について説明する．この方式では，図12.5に示すように，**変調波**とよばれる基準正弦波v_{ref}と，**搬送波**とよばれる三角波v_cを用いる．ここで，変調波v_{ref}の周波数をf，搬送波v_cの周波数をf_cとし，v_cの大きさを± 1 Vとする．$v_{ref} > v_c$の場合，図12.1のスイッチSW_1をオン，SW_3をオフし，$v_{ref} < v_c$の場合，SW_1をオフ，SW_3をオンする．このオン，オフ動作によって，A点の電位v_Aは図12.5に示されるようになる．同様に，$-v_{ref} > v_c$の場合スイッチSW_2をオン，SW_4をオフ，$-v_{ref} < v_c$の場合SW_2をオフ，SW_4をオンすると，B点の電位v_Bは図12.5のようになる．その結果，出力電圧（$v = v_A - v_B$）は交流電圧となり，その基本波の周波数は変調波v_{ref}の

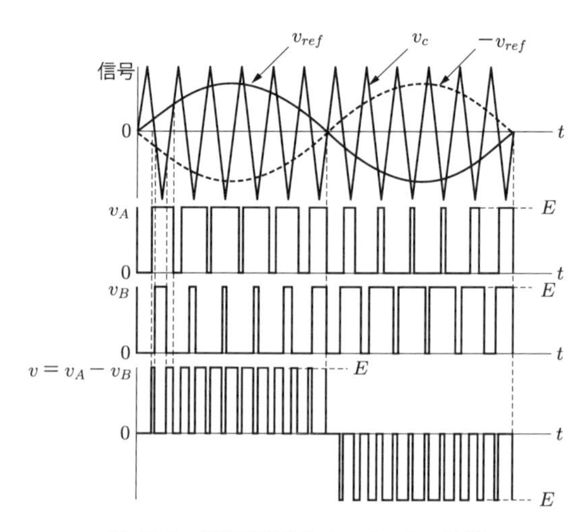

図12.5　単相PWMインバータの波形

周波数 f と等しくなる．

v_A と v_B は搬送波周波数 f_c と同じパルス数の波形だが，出力電圧 v は搬送波周波数 f_c の2倍のパルス数の波形となる．そして，変調波 v_{ref} が大きい正の値のとき幅の広い正のパルスとなり，逆に変調波 v_{ref} が大きい負の値のとき幅の広い負のパルスとなることがわかる．

12.3.2 単相PWMインバータの周波数成分

図12.5の出力電圧のフーリエ解析を行った結果を**図12.6**に示す．PWM波形のフーリエ解析は複雑なので，実際に行うにはプログラムを組むか，対応したソフトウェアを用いる必要がある．本書では，一般に使用されているMicrosoft Excelを用いている．Excelであれば，いくつかのパラメータを入力するだけで解析と結果表示を行うことができる[†1]．

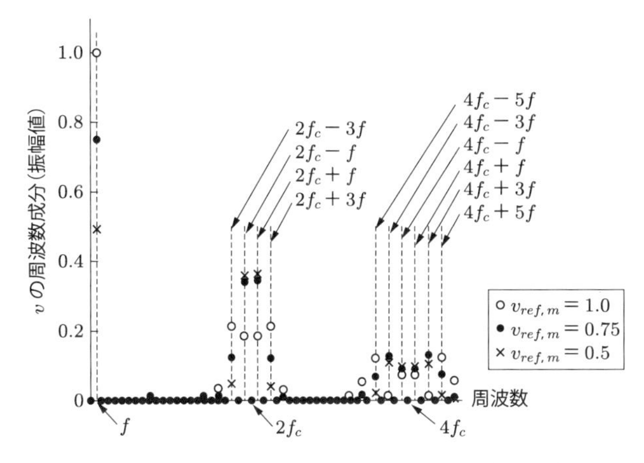

図12.6 単相PWMインバータの波形の高調波解析

図12.6に示した周波数 f の周波数成分を見ると，v の基本波周波数成分は変調波 v_{ref} の振幅 $v_{ref,m}$ と一致することがわかる．一方，高調波成分は，以下の周波数で現れる．

搬送波周波数 f_c の2倍付近：$2f_c \pm f$，$2f_c \pm 3f$，...

搬送波周波数 f_c の4倍付近：$4f_c \pm f$，$4f_c \pm 3f$，...

†1 森北出版の書籍ページ（https://www.morikita.co.jp/books/mid/077071）からマクロコードがダウンロードできる．

⋮

このように，高調波成分は搬送波周波数の偶数倍の周波数付近で大きな値をもち，その大きさは変調波 v_{ref} の振幅 $v_{ref,m}$ によって変化する．さらに，図 11.3 や図 12.2 に示した方形波の第 3 次，第 5 次高調波成分は基本波成分のそれぞれ 1/3，1/5 であるが，これらの低次高調波成分は大幅に小さくなっている．

12.3.3　三相 PWM インバータの動作

三相インバータの回路構成は**図 12.7** のとおりである．**図 12.8** に示すように，変調波 $v_{u,ref}$，$v_{v,ref}$，$v_{w,ref}$ と搬送波 v_c を用いる．ここでは，変調波の周波数を f，搬送波 v_c の周波数を f_c とし，v_c の大きさを ± 1 V とおき，u 相と v 相のみについて説明する．

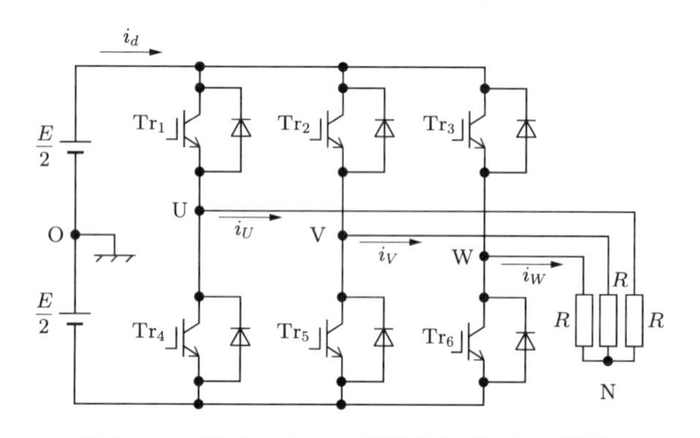

図 12.7　三相インバータの回路構成（図 11.7 再掲）

$v_{u,ref} > v_c$ の場合，トランジスタ Tr_1 にオン信号，Tr_4 にオフ信号を送り，$v_{u,ref} < v_c$ の場合 Tr_1 にオフ信号，Tr_4 にオン信号を送ると，U 点の電位 v_U は図 12.8 のようになる．同様に v 相については，$v_{v,ref} > v_c$ の場合，Tr_2 にオン信号，Tr_5 にオフ信号を送り，$v_{v,ref} < v_c$ の場合 Tr_2 にオフ信号，Tr_5 にオン信号を送ると，V 点の電位 v_V は図 12.8 のようになる．その結果，出力の線間電圧 v_{UV} は交流電圧となり，その基本波の周波数は変調波 v_{ref} の周波数 f と等しくなる．単相インバータと同様に，v_U と v_V は搬送波周波数 f_c と同じパルス数の波形だが，出力電圧 v_{UV} は搬送波周波数 f_c の 2 倍のパルス数の波形となる．v_{UW}，v_{WU} も v_{UV} と同様に求めることができ，それぞれ $2\pi/3$ ずつ位相がずれた波形となる．

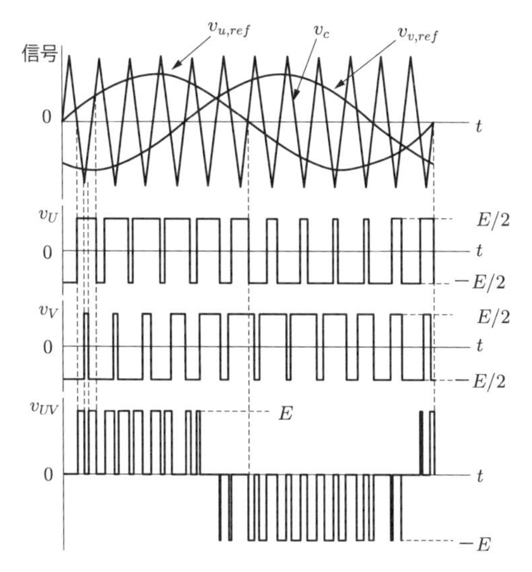

図 12.8　三相 PWM インバータの波形

12.3.4　三相 PWM インバータの周波数成分

図 12.8 の出力の線間電圧のフーリエ解析を行った結果を**図 12.9** に示す．図より，基本波周波数の線間電圧の振幅は $(\sqrt{3}/2)v_{ref,m}$ となる．一方，高調波成分は以下の周波数で現れる．

$$\text{搬送波周波数付近：} f_c \pm 2f$$

$$\text{搬送波周波数の 2 倍付近：} 2f_c \pm f$$

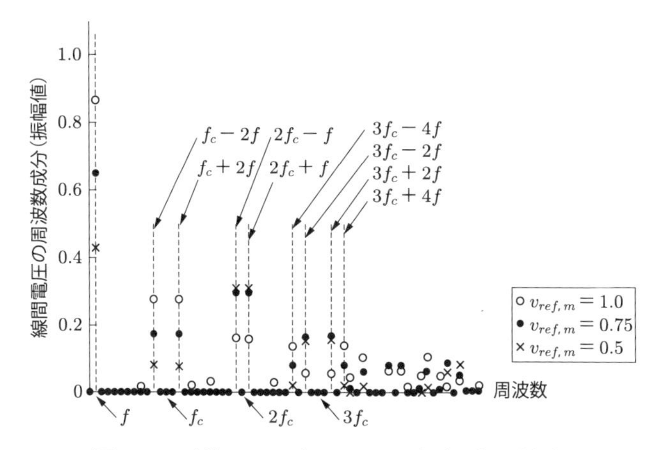

図 12.9　三相 PWM インバータの波形の高調波解析

搬送波周波数の3倍付近：$3f_c \pm 2f$，$3f_c \pm 4f$

$$\vdots$$

単相インバータと異なり，高調波成分は搬送波周波数 f_c 付近でも大きな値をもち，その大きさは変調波 v_{ref} の振幅 $v_{ref,m}$ によって変化する．また，単相 PWM インバータと同様に，第3次，第5次などの低次高調波成分が大幅に小さくなっている．

12.3.5　PWM インバータの出力電流

出力電流について考えると，抵抗負荷の場合は電圧と同じ高調波成分をもつ．それに対して，誘導性負荷の場合，インダクタのインピーダンスは周波数に比例するので，搬送波周波数を高く選ぶことによって電流の高調波成分をかなり小さくすることができる．たとえば，変調波周波数 $f = 50$ Hz，搬送波周波数 $f_c = 5$ kHz とすると，高調波成分が現れる $f_c \pm 2f$ のときのインダクタのインピーダンスは周波数 f のときの約100倍になるので，$f_c \pm 2f$ の電流成分はかなり小さくなる．その結果，出力電流波形は変調波周波数 $f = 50$ Hz の正弦波に近い波形となる．

12.4　デッドタイム

インバータ回路は，図12.1に示すスイッチ SW_1 と SW_3 のいずれか一方，SW_2 と SW_4 のいずれか一方にオン信号を与え，それを切り換えることによって動作している．実際のトランジスタにはターンオン時間とターンオフ時間があり，一般にターンオフ時間のほうが長いという性質がある．したがって，上側，下側のトランジスタ（SW_1 と SW_3 あるいは SW_2 と SW_4）に同時にオン信号とオフ信号を送った場合，上側，下側二つのトランジスタがわずかな時間同時にオンしてしまう．これによって入力の直流電源を短絡することになり，大電流が流れてトランジスタを破壊してしまう危険性がある．それを避けるために，**図12.10** に示すように，ある一定の時間 t_d だけオン信号を遅らせる必要がある．この時間 t_d を**デッドタイム**とよぶ．デッドタイムは使用する電力用半導体素子によって異なり，パワーバイポーラトランジスタでは5〜20 μs 程度，IGBT や MOSFET では0.5〜3 μs 程度である．

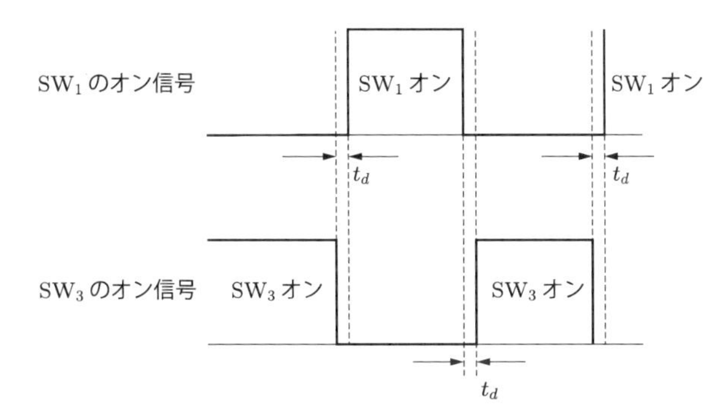

図 12.10　デッドタイム t_d

本章のまとめ

- インバータの出力電圧を調整する方法には，入力電圧の振幅を変える方法，出力電圧のパルス幅を変える方法，PWM の三つがある．
- 入力電圧の振幅を変える方法，パルス幅を変える方法では，出力電圧は低次の高調波成分を含む．
- PWM では，出力電圧は変調波の振幅に比例した基本波成分をもち，低次の高調波成分を低減あるいは除去することができる．しかし，搬送波周波数の整数倍付近の周波数で大きな高調波成分をもつ．
- インバータ回路の上側と下側のトランジスタのオン信号には，デッドタイムを設ける必要がある．

演習問題

12.1　図 12.3 において，パルス幅を τ としたときの高調波成分を求めなさい．

12.2　(1) 電圧 $v(\theta)$ の波形が次式で表される半波対称性をもつとき，基本波の偶数倍の高調波成分は現れないことを示しなさい．ただし，基本波の周期を 2π とする．

$$v(\theta) = -v(\theta + \pi)$$

(2) 三相の線間電圧には基本波の 3 の倍数の高調波成分が現れないことを示しなさい．

12.3　ターンオン時間 $t_{on} = 1\ \mu\mathrm{s}$，ターンオフ時間 $t_{off} = 3\ \mu\mathrm{s}$ のトランジスタを用いたインバータの場合，デッドタイムはいくらにすべきか．

13 AC-AC 変換

本章では，入力と出力がともに交流であるAC-AC変換について説明する．まず，周波数の変換を行わずに電圧や電流を調整する交流電力調整回路と，それを利用した静止形無効電力補償回路について説明する．続いて，周波数変換を行う単相のサイクロコンバータの原理とその出力電圧について説明する．

13.1 交流電力調整回路

13.1.1 抵抗負荷の場合

図 13.1 に，2 個のサイリスタを逆並列に接続して双方向のスイッチとして動作させ，負荷に加わる電圧の実効値を調整する交流電力調整回路とその波形を示す．なお，逆並列のサイリスタ 2 個の代わりに**トライアック**を用いることもできる．

- 期間① $(0 \leq \omega t < \alpha)$：サイリスタにゲート電流が流れていないので，どちらのサイリスタも導通せず，電流は流れない．

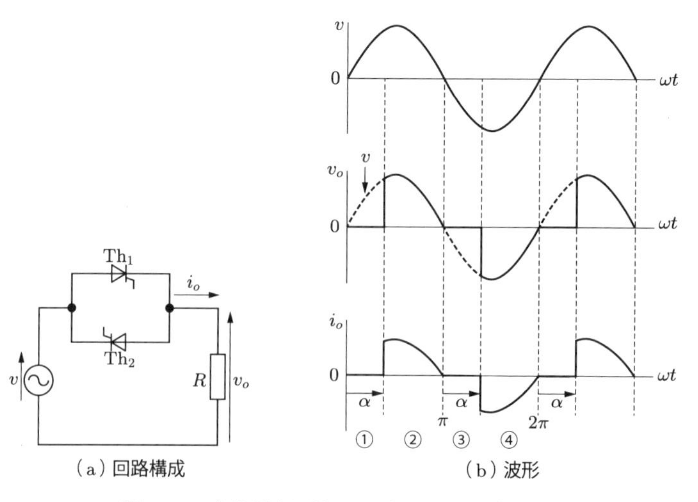

（a）回路構成　　（b）波形

図 13.1　交流電力調整回路（単相，抵抗負荷時）

- 期間② ($\alpha \leq \omega t < \pi$)：入力の交流電圧が正のとき，点弧角 α で $\mathrm{Th_1}$ にゲート電流を流すと点弧し，電流は電源 → $\mathrm{Th_1}$ → R → 電源の経路で流れる．この動作については，5.2 節で説明した．
- 期間③ ($\pi \leq \omega t < \pi + \alpha$)：入力の交流電圧が負になるので，$\mathrm{Th_1}$ はオフして電流は流れない．
- 期間④ ($\pi + \alpha \leq \omega t < 2\pi$)：入力の交流電圧が負のとき，点弧角 α で $\mathrm{Th_2}$ にゲート電流を流すと点弧し，電流は電源 → R → $\mathrm{Th_2}$ → 電源の経路で流れる．

出力電圧，電流波形は図 13.1 (b) のようになる．

13.1.2 出力電圧の実効値

交流電源電圧を

$$v = \sqrt{2}V \sin \omega t \tag{13.1}$$

で表して出力電圧 v_o の実効値を求めると，次式となる．

$$V_{\mathit{eff}} = \sqrt{\frac{1}{2\pi}\int_0^{2\pi} v_o^2(\theta)\, d\theta} = V\sqrt{\frac{2(\pi - \alpha) + \sin 2\alpha}{2\pi}} \tag{13.2}$$

上式より，実効値は，点弧角 $\alpha = 0$ のとき電源電圧の実効値 V と等しく，α が大きくなると小さくなり，$\alpha = \pi$ で 0 になる．つまり，点弧角 α により調整できる．

13.1.3 誘導性負荷で，電流が断続する場合

図 13.2 に，誘導性負荷の場合の回路とその出力電圧，電流の波形を示す．
図 13.2 (b) の場合の動作を見てみる．

- 期間① ($\alpha \leq \omega t < \pi$)：電源電圧 v が正で出力電流 $i_o = 0$ の状態で $\mathrm{Th_1}$ にゲート電流を流すと，電流 i_o が立ち上がり，電源 → $\mathrm{Th_1}$ → R → L → 電源の経路で流れる．また，出力電圧 v_o は入力電圧 v と等しくなる．
- 期間② ($\pi \leq \omega t < \pi + \beta$)：6.2 節で説明したように，インダクタ L に加わる電圧の平均値は 0 という性質があるので，電流は $\omega t = \pi$ で 0 とならず，$\omega t = \pi + \beta$ の時刻まで流れる．
- 期間③ ($\pi + \beta \leq \omega t < \pi + \alpha$)：サイリスタに電流が流れず，出力電圧 v_o と出力電流 i_o は 0 となる．

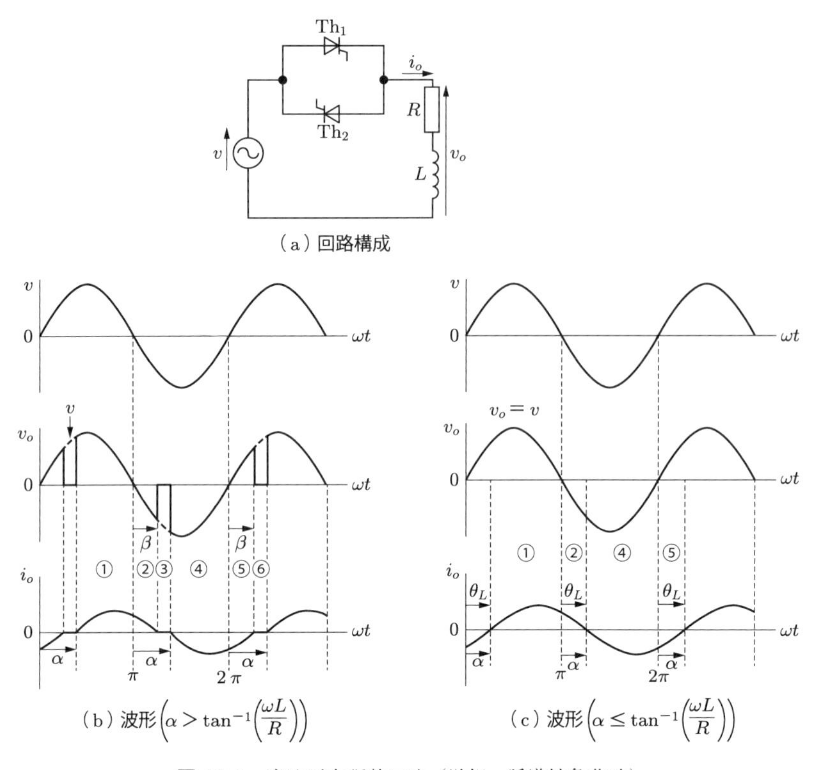

図 13.2　交流電力調整回路（単相，誘導性負荷時）

- 期間④（$\pi + \alpha \leq \omega t < 2\pi$）：電源電圧 v が負で出力電流 $i_o = 0$ の状態で Th_2 にゲート電流を流すと，電流 i_o が立ち上がり，電源 $\to L \to R \to \mathrm{Th}_2 \to$ 電源の経路で流れる．また，出力電圧 v_o は入力電圧 v と等しくなる．つまり，期間①とは電圧，電流の向きが逆になる．
- 期間⑤（$0 \leq \omega t < \beta$）：期間②と同様である．
- 期間⑥（$\beta \leq \omega t < \alpha$）：期間③と同様である．

13.1.4　誘導性負荷で，電流が連続する場合

点弧角 α を変えたときを考える．α を小さくすると，小さな点弧角から電流が流れ始めるので，電流 i_o は大きくなり，流れ続ける期間 β も長くなる．そして，$\alpha = \beta$ になると電流の休止期間がなくなり，図 13.2 (c) のようになる．この状態では，二つのサイリスタのいずれかが導通しているので，短絡と同じになり，導通

し続ける．このとき，α は負荷の力率角 θ_L と等しくなる．

$$\alpha = \theta_L = \tan^{-1}\left(\frac{\omega L}{R}\right) \tag{13.3}$$

実際に動作させるうえで注意することは，α をさらに小さくして，$\alpha < \theta_L$ のとき，$\pi + \alpha$ で Th_2 に短いパルスのゲート電流を流しても，Th_1 を通って流れている電流は 0 に達していないため，Th_2 は導通しないということである．短いパルスではなく，θ_L までの長いパルスあるいは短いパルス列を送れば，θ_L の時点で Th_2 は導通する．

13.1.5 抵抗が無視できる場合

図 13.3 のような，抵抗を無視できる場合について考える．この場合，出力電圧を制御できる点弧角 α は式 (13.3) に示す θ_L 以上となるので，$R \approx 0$ と無視できるときは次の条件を満たす．

$$\alpha \geq \frac{\pi}{2} \tag{13.4}$$

回路方程式

$$v = L\frac{di_o}{dt} \tag{13.5}$$

$$v = \sqrt{2}V\sin\omega t \tag{13.6}$$

を解くと，

$$\alpha \leq \omega t < \pi + \beta \text{のとき：} i_{oa} = \frac{\sqrt{2}V}{\omega L}(-\cos\omega t + \cos\alpha) \tag{13.7}$$

$$\pi + \alpha \leq \omega t < 2\pi + \beta \text{のとき：} i_{ob} = \frac{\sqrt{2}V}{\omega L}(-\cos\omega t - \cos\alpha) \tag{13.8}$$

となる．ここで，式 (13.4) より $\cos\alpha \leq 0$ に注意して出力電圧と電流の波形を描くと，図 13.3 (b) のようになる．出力電流 i_o は過渡項を含まない余弦波であるので，i_o が 0 になる β は次式で表せる．

$$\beta = \pi - \alpha \tag{13.9}$$

したがって，電流 i_o の正の期間は $\alpha \leq \omega t < 2\pi - \alpha$ となり，負の期間は $\pi + \alpha \leq \omega t < 3\pi - \alpha$ となる．

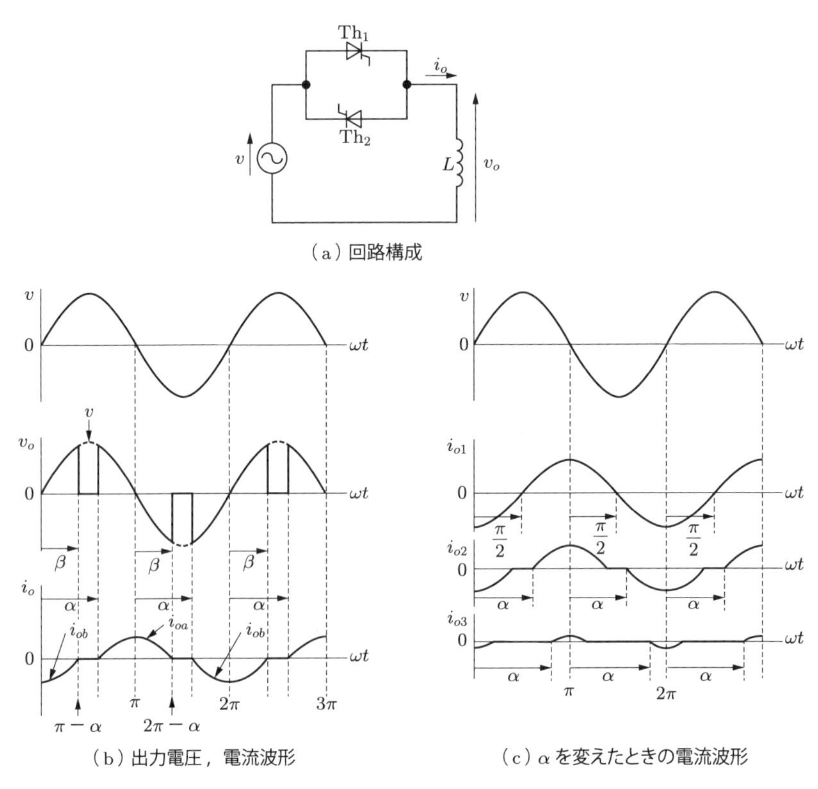

図 13.3　交流電力調整回路（単相，抵抗が無視できる場合）

図 13.3 (c) に点弧角 α を変えたときの出力電流の波形を示す．α が大きくなるに従って電流の導通期間が短くなり，最大値が小さくなっている．逆に，α が負荷の力率角 θ_L（この場合は $\pi/2$）より小さくなった場合，$\pi/2$ までの長いパルスあるいは短いパルス列を送れば，$\pi/2$ の時点で Th_2 は導通する．

13.2　無効電力補償回路

13.2.1　可変インダクタの機能

図 13.3 (c) より，電流の基本波成分は電源電圧よりも位相が $\pi/2$ 遅れていて，α によってその大きさが変わることがわかる．したがって，図 13.3 (a) の回路は可変インダクタ $L(\alpha)$ とみなすことができる．そこで，電流の基本波成分を計算すると，

$$\text{平均値 } a_0 = \frac{1}{2\pi}\int_0^{2\pi} i_o(\omega t)\, d(\omega t) = 0 \tag{13.10}$$

$$\text{正弦波成分 } b_1 = \frac{1}{\pi}\int_0^{2\pi} i_o(\omega t)\sin\omega t\, d(\omega t) = 0 \tag{13.11}$$

$$\begin{aligned}\text{余弦波成分 } a_1 &= \frac{1}{\pi}\int_0^{2\pi} i_o(\omega t)\cos\omega t\, d(\omega t) \\ &= \frac{\sqrt{2}V}{\omega L}\frac{2\pi - 2\alpha + \sin 2\alpha}{\pi}\end{aligned} \tag{13.12}$$

となる．ここで式 (13.12) では，ωt のゼロ点を図 13.3 の π の位置にとり，余弦波の基本波成分を正の値にしている．式 (13.12) より，点弧角 α で制御したときの可変インダクタ $L(\alpha)$ は，図 13.3 (a) の実際のインダクタ L を用いて次のようになる．

$$L(\alpha) = \frac{\pi}{2\pi - 2\alpha + \sin 2\alpha}L \tag{13.13}$$

$\alpha = \pi/2$ のとき $L(\pi/2) = L$，$\alpha > \pi/2$ で L よりも大きくなり，$\alpha = \pi$ のとき $L(\pi) = \infty$ となる．

13.2.2 無効電力調整機能

図 13.3 (a) の回路は**遅れ無効電力**（電圧に対して電流が $\pi/2$ の位相遅れをもつ電力で，有効な電力ではない）を流すことができ，その量を点弧角 α で調整できる．そこで，図 13.3 (a) の回路とキャパシタ C の並列回路である**図 13.4** を考えてみる．

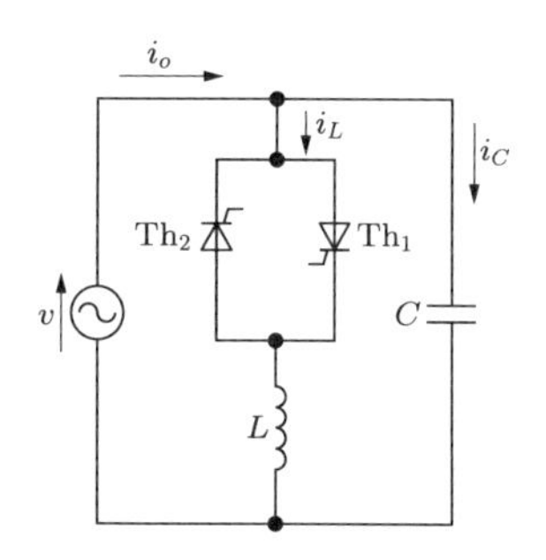

図 13.4 静止形無効電力補償回路

図 13.4 の基本波成分に対する等価回路は，式 (13.13) で表される可変インダクタ $L(\alpha)$ を用いて**図 13.5** (a) のように表すことができる．さらに $i_C > i_L$ の場合には，図 13.5 (b) のように可変キャパシタ $C(\alpha)$ で表すこともできる．したがって図 13.4 は，遅れ無効電力だけでなく**進み無効電力**（電圧に対して電流が $\pi/2$ の位相進みをもつ電力で，有効な電力ではない）まで調整可能な**静止形無効電力補償回路**であることがわかる．

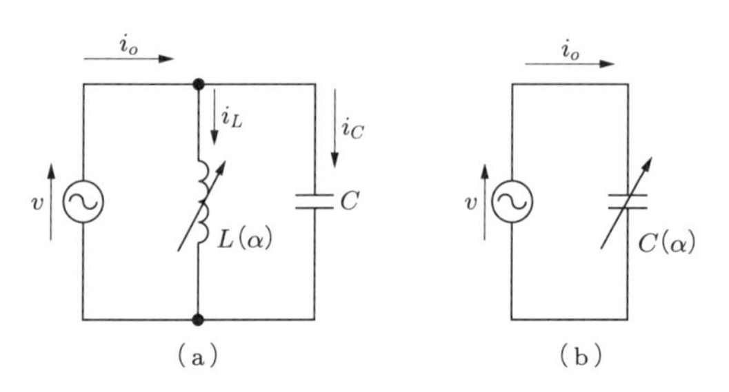

図 13.5　静止形無効電力補償回路の等価回路

13.2.3　静止形無効電力補償回路の注意点

図 13.3 (c) に示したように，可変インダクタ $L(\alpha)$ に流れる電流は高調波成分を含む．そこで，図 13.4 の回路の代表的な動作状態における電流波形を**図 13.6** に示す．細線が i_L，太線が i_o を表す．$i_{o\mathrm{A}}$ は遅れ無効電力発生時の電流波形である．電流の基本波成分について考えると $i_L > i_C$ なので，その合成の $i_{o\mathrm{A}}$ の基本波成分は電源電圧 v よりも $\pi/2$ だけ遅れている状態である．$i_{o\mathrm{B}}$ は基本波無効電力が 0 のと

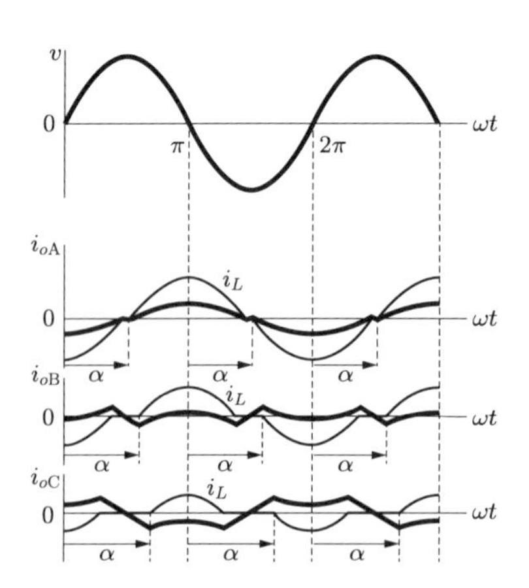

図 13.6　静止形無効電力補償回路の波形

きの電流波形である．電流の基本波成分について考えると $i_L = i_C$ の状態である．i_{oC} は進み無効電力発生時の電流波形である．電流の基本波成分について考えると $i_L < i_C$ なので，その合成の i_{oC} の基本波成分は電源電圧 v よりも $\pi/2$ だけ進んでいる状態である．図 13.6 に示すように，遅れ，進みいずれの電流波形にも大きな低次高調波成分が含まれることに注意が必要である．

13.3　サイクロコンバータ

ある周波数の交流電源を，それより低い周波数の交流に直接変換する電力変換器を**サイクロコンバータ**とよぶ．**図 13.7** に示すように，サイクロコンバータは，二つのサイリスタ整流回路を互いに逆並列に接続した回路構成をしている．三相電源から単相電源を得る場合が多いが，波形が煩雑になるので，本章では単相電源から単相電源を得る場合で説明する．ただし，三相電源から単相電源を得る場合も同様に考えることができる．

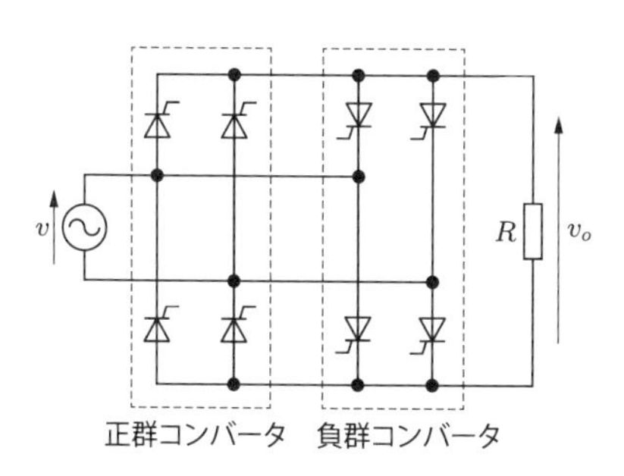

図 13.7　サイクロコンバータの回路構成

13.3.1　抵抗負荷の場合

抵抗負荷で出力電圧の周波数が入力電圧の 1/5 となる場合を考える．単相全波サイリスタ整流回路の抵抗負荷時の平均出力電圧（式 (5.16)）を再掲する．

$$V_{ave} = \frac{2\sqrt{2}V}{\pi}\frac{1+\cos\alpha}{2} \tag{13.14}$$

ここで，V は電源電圧 v の実効値である．式 (13.14) より，点弧角 α を 0 から π まで変えることによって出力電圧を変えられることがわかる．

これを用いて，**図 13.8** に示すように，半周期ごとに α を変えて出力電圧，電流波形を制御する．具体的には，出力電圧が正の期間では，図 13.7 の**正群コンバー**

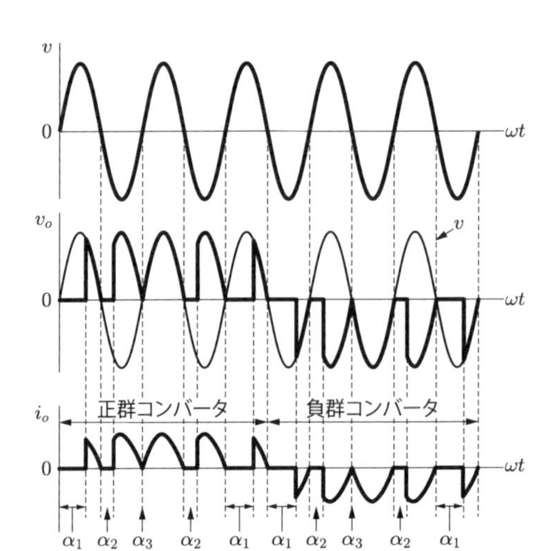

図 13.8 サイクロコンバータ（単相，抵抗負荷時）の波形（$\alpha_3 = 0$）

タの点弧角を α_1，α_2，α_3，α_2，α_1（$\pi > \alpha_1 > \alpha_2 > \alpha_3 \geq 0$）と変え，出力電圧が負の期間では**負群コンバータ**の点弧角を α_1，α_2，α_3，α_2，α_1 と変える．点弧角 α でサイリスタがオンし，正群コンバータでは正の電圧のみ出力されること，および負群コンバータでは負の電圧のみ出力されることを考慮すると，出力電圧 v_o の波形は図 13.8 のようになる．この場合，電源電圧 v が 5 周期で出力電圧 v_o が 1 周期となるので，入力電圧の 1/5 倍の周波数を出力するサイクロコンバータとして動作している．

図 13.8 からわかるように，電源電圧の点弧角を制御して出力電圧を発生させているため，波形の脈動が大きく，出力周波数の上限は電源周波数の数分の一程度になる．

13.3.2　誘導性負荷の場合

図 13.9 に示す誘導性負荷の回路について，入力電圧の 1/5 の周波数を出力する場合を考える．誘導性負荷の場合も，点弧角 α を変えることによって，出力電圧を変えることができる．

点弧角を α_1，α_2，α_3，α_2，α_1（$\pi/2 > \alpha_1 > \alpha_2 > \alpha_3 \geq 0$）と変えた場合の出力電圧および出力電流の例を**図 13.10** に示す．図より，出力電圧の大きさは徐々に変化していることがわかる．電流波形は脈動を含むが正弦波状になる[†1]．L/R が

†1 電流波形を理論的に求めるのは，かなり複雑である．ここではシミュレーションの結果を示している．

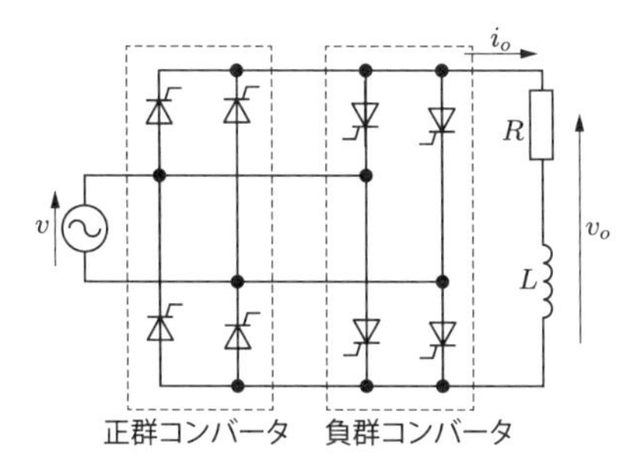

図 13.9　サイクロコンバータの回路構成（単相，誘導性負荷時）

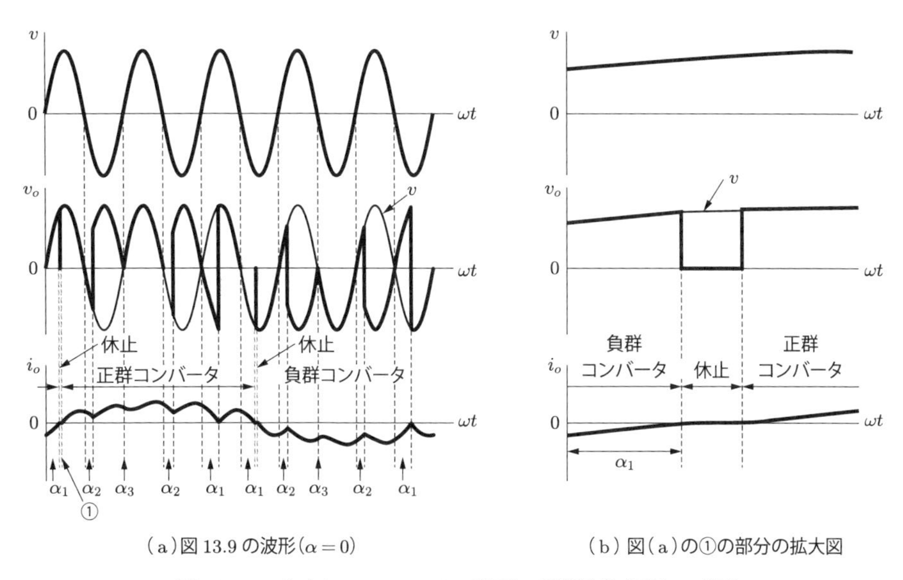

図 13.10　サイクロコンバータ（単相，誘導性負荷時）の波形

小さい場合（図 13.8 は $L=0$ の場合に相当する）ではたくさんの電流の休止期間があるが，L/R が大きくなると休止期間が短くなる．たとえば図 13.10 (a) では，サイクロコンバータの出力電圧 1 周期に 2 回の休止期間となり，その期間では図 (b) に示すように $v_o=i_o=0$ となる．さらに L/R が大きくなると，休止期間がなくなる．

本章のまとめ

- 2個のサイリスタを逆並列に接続して双方向のスイッチとして動作させることによって，負荷に加わる交流電圧の実効値を調整できる交流電力調整回路となる．
- 交流電力調整回路とインダクタを組み合わせると，点弧角でその値が可変するインダクタとすることができる．さらに，キャパシタ C を並列に接続することによって静止形無効電力補償回路となる．
- サイクロコンバータはサイリスタ整流回路二つを互いに逆並列に接続した回路構成をしており，ある周波数の交流を，それより低い周波数の交流に直接変換する．

演習問題

13.1　図13.1の回路において，点弧角 α に対する出力電圧の実効値，および出力電力の関係をグラフにしなさい．

13.2　式(13.12)を導出しなさい．

13.3　式(13.13)で表される可変インダクタンスと点弧角 α の関係をグラフにしなさい．

付録：スイッチングを用いない方法

前章までに説明したように，スイッチングを用いた電力変換では，出力電圧波形はきれいな正弦波ではなく，一定平滑でもない．一方で，本付録で説明するような方法を用いれば，きれいな正弦波や一定平滑な出力電圧が得られる．ただし，効率などの面から，大電力の電力変換には用いられていない．

A.1 スイッチングを用いないで直流を得る方法

A.1.1 ツェナーダイオードを用いた定電圧源

抵抗のみの負荷に対して一定の直流電圧を発生する回路として，図 A.1 に示すようなツェナーダイオード（定電圧ダイオード）を用いる回路がある．ツェナーダイオードとは，逆方向の電圧がツェナー電圧 V_Z を超えたとき導通し，導通時の電圧降下が一定値 V_Z となるダイオードである．つまり，この回路でツェナーダイオードに電流が流れるには $E > V_Z$ である必要がある．ここで，ツェナーダイオードは理想的，つまり逆方向の電流がわずかでも流れたときの電圧降下は一定値 V_Z となるとする．

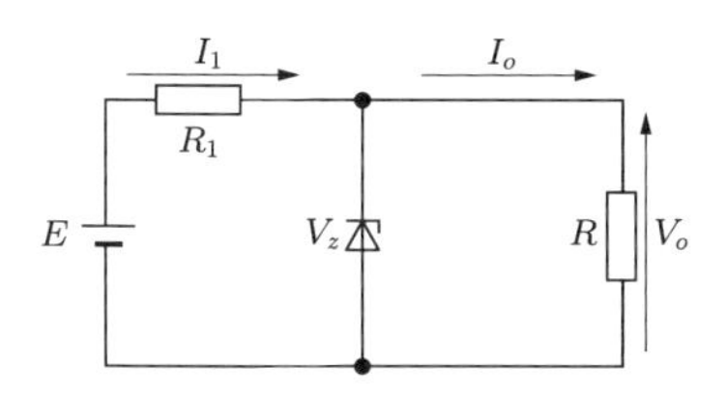

図 A.1 ツェナーダイオードを用いた定電圧源

図 A.1 において，ツェナーダイオードが導通しているときの出力電流 I_o は次式となる．

$$I_o = \frac{V_Z}{R} \tag{A.1}$$

また，電源からの電流 I_1 は

$$I_1 = \frac{E - V_Z}{R_1} \tag{A.2}$$

となる．ここで，キルヒホッフの電流則より

$$I_1 > I_o \tag{A.3}$$

が成立する必要があるので，R と I_o の範囲は次式となる．

$$R > \frac{V_Z}{E - V_Z} R_1 \tag{A.4}$$

$$I_o < \frac{E - V_Z}{R_1} \tag{A.5}$$

つまり，図 A.1 の回路では，抵抗 R が式 (A.4) で示される範囲において，R に加わる電圧 V_o を一定にできる．または，R に流れる電流 I_o が式 (A.5) で示される範囲で V_o を一定にできる．

入力電力 P_{in} と出力電力 P_o は次式で表せる．

$$P_{in} = EI_1 = \frac{E(E - V_Z)}{R_1}, \qquad P_o = V_Z I_o = \frac{V_Z^2}{R} \tag{A.6}$$

入力電力，出力電力，損失を図示すると**図 A.2** のようになる．図 (a) は R を横軸に，図 (b) は I_o を横軸にとった場合である．図より，入力電力は一定だが，出力電力と損失は R や I_o によって変化することがわかる．また，R が大きいときや I_o が小さいときに効率が悪くなることがわかる．

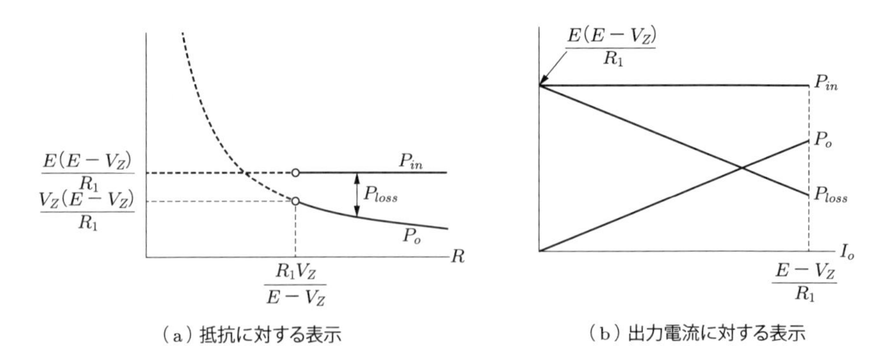

図 A.2　図 A.1 の回路における電力，損失

A.1.2 3端子レギュレータを用いた定電圧源

3端子レギュレータは，直流電圧源として利用されるIC（Integrated Circuit，集積回路）である．3端子レギュレータはスイッチングノイズがなく，外付け部品が少ないため，簡素で低価格であるというメリットがある．しかし，DC-DC変換器ほど効率をよくできない．3端子レギュレータを用いた定電圧源を**図 A.3** に示す．

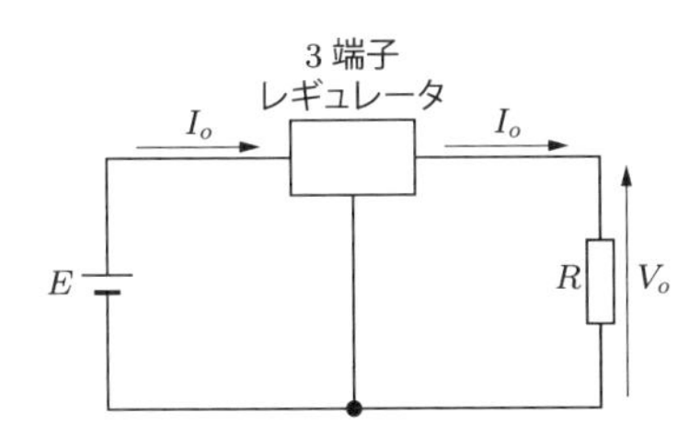

図 A.3　3端子レギュレータを用いた定電圧源

図において，3端子レギュレータは一定の出力電圧 V_o を発生し，その入力電流と出力電流は等しい値となる．電流 I_o，入力電力 P_{in}，出力電力 P_o は次式で表される．

$$I_o = \frac{V_o}{R} \tag{A.7}$$

$$P_{in} = EI_o = \frac{EV_o}{R} \tag{A.8}$$

$$P_o = \frac{V_o^2}{R} \tag{A.9}$$

効率は，式 (A.8) と式 (A.9) の比として次式で表される．

$$\eta = \frac{V_o}{E} \tag{A.10}$$

入力電力，出力電力，損失を図示すると**図 A.4** のようになる．図 (a) は R を横軸に，図 (b) は I_o を横軸にとった場合である．図 A.4 (a) より，R が大きいとき出力電力は小さくなり，図 A.4 (b) より，I_o が大きいとき出力電力は大きくなるが，効率は式 (A.10) で示されるように一定である．

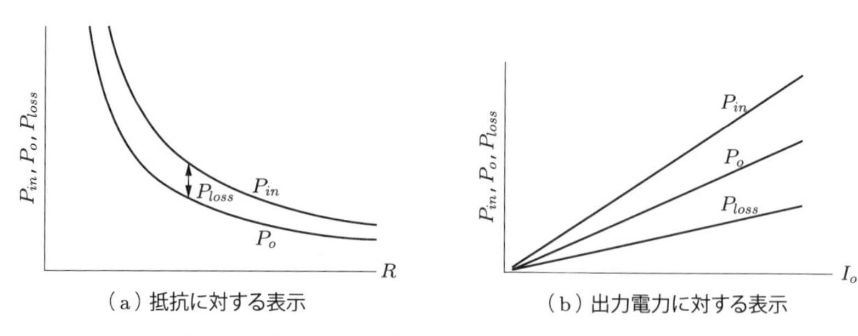

図 A.4　図 A.3 の回路における入力電力，出力電力

A.2　スイッチングを用いないで交流を得る方法

オーディオ機器などに用いられている信号を音声で出力するための回路では，トランジスタ自身の電圧降下を調整して音声信号を作っている．その基本的な回路である**トランジスタ増幅回路**を図 A.5 に示す．

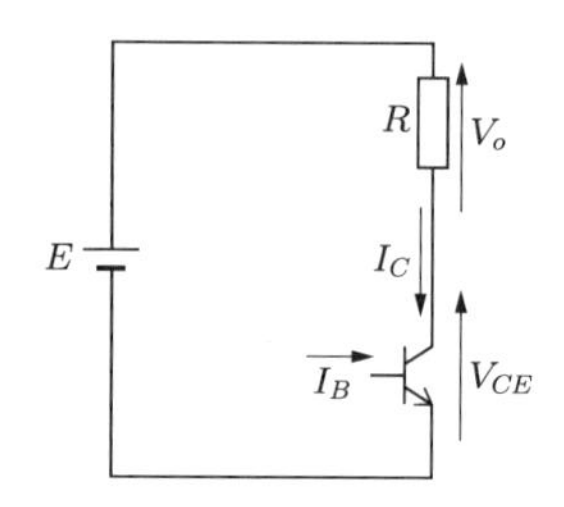

図 A.5　トランジスタ増幅回路

バイポーラトランジスタの場合，入力であるベース電流 I_B と出力であるコレクタ電流 I_C には次の関係が成り立つ．

$$I_C = h_{FE} I_B \tag{A.11}$$

ここで，h_{FE} はトランジスタによって異なる定数で，**直流電流増幅率**とよばれる．したがって，I_B を (直流分) + (正弦波) で変化させると，I_C も (直流分) + (正弦波) で変化し，その結果，抵抗 R の電圧 V_o も正弦波状に変化する．

図 A.5 の回路方程式は次式で表せる．

$$E = V_{CE} + RI_C \tag{A.12}$$

したがって，入力電力 P_{in}，出力電力 P_o，トランジスタでの損失 P_{loss} は次式となる．

$$P_{in} = EI_C, \qquad P_o = RI_C^2$$
$$P_{loss} = V_{CE}I_C = (E - RI_C)I_C = -RI_C^2 + EI_C \tag{A.13}$$

トランジスタ増幅回路では，コレクタ電流 I_C を変えたときの電力や損失が重要になる．それらを図示すると**図 A.6** のようになる．図より，P_{loss} には最大値をとる点が存在する．式 (A.13) を変形すると

$$P_{loss} = -RI_C^2 + EI_C = -R\left(I_C - \frac{E}{2R}\right)^2 + \frac{E^2}{4R} \tag{A.14}$$

となり，$I_C = E/2R$ のとき，P_{loss} は最大値 $E^2/4R$ となることがわかる．

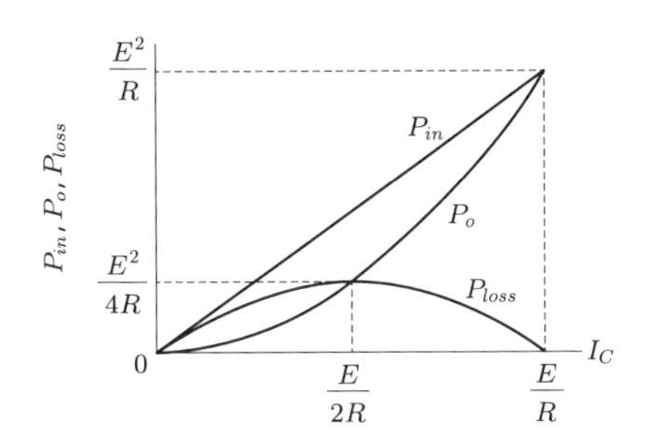

図 A.6　図 A.5 の回路における電力と損失

正弦波の電圧を出力するために I_C を変化させるとき，$I_C < E/2R$ の範囲では出力より損失のほうが大きくなる．したがって，図 A.5 のトランジスタ増幅回路は効率がよくないことがわかる．

本付録のまとめ

- スイッチングを用いないで直流を得る方法には，ツェナーダイオードや 3 端子レギュレータを用いる方法がある．しかし，損失が大きく効率はよくない．
- スイッチングを用いないで交流を得る方法には，トランジスタを用いた増幅回路がある．しかし，損失が大きく効率はよくない．

演習問題

A.1　図 A.1 の回路において，$E = 8$ V，$V_Z = 5$ V，$R_1 = 15\ \Omega$ とする．

(1) $R = 50\ \Omega$ のときの出力電流，入力電力，出力電力，R_1 の損失，V_Z の損失，効率を求めなさい．

(2) 出力電力が V_Z となる抵抗 R の最小値を求めなさい．そのときの出力電流，入力電力，出力電力，R_1 の損失，V_Z の損失，効率を求めなさい．

A.2　図 A.3 の回路において，$E = 7$ V，$V_o = 5$ V，$R = 2\ \Omega$ のときの出力電流，入力電力，出力電力，3 端子レギュレータの損失，効率を求めなさい．

A.3　図 A.5 の回路において，トランジスタの両端の電圧 V_{CE} に対する入力電力，出力電力，損失をグラフにしなさい．

演習問題略解

第 1 章

1.1　省略

1.2　1 分間の回転数が 600 min^{-1} のときは 1 秒間で 10 回転なので，電源の周波数は $2n/p = 10$ より $n = 30$ Hz となる．回転数が 3000 min^{-1} のときは同様にして $n =$ 150 Hz となるので 30〜150 Hz.

第 2 章

2.1　(1) 式 (2.2) より $T_{on} : T_{off} = 3 : 2$

(2) 周期 $T = T_{on} + T_{off} = 1/1000 = 1$ ms となるので，$T_{on} = 0.6$ ms，$T_{off} = 0.4$ ms

2.2　(1) $T = T_{on} + T_{off}$ とすると，出力電圧の平均値 E_2，出力電流の平均値 I_2，出力電力の平均値 P は次のようになる．

$$E_2 = \frac{T_{on}}{T}E = 5\ \mathrm{V}$$
$$I_2 = \frac{T_{on}}{T}\frac{E}{R} = 2.5\ \mathrm{A}$$
$$P = \frac{1}{T}\int_0^T e_2 i\,dt = \frac{T_{on}}{T}E\frac{E}{R} = 25\ \mathrm{W} \tag{B.1}$$

(2) 一定電圧，電流のときの電力 P は次のようになる．

$$P = EI = 12.5\ \mathrm{W}$$

電力の平均値は式 (B.1) のように，電圧と電流の積の積分で表されるので，電圧と電流の両方が変化する場合，電圧の平均値と電流の平均値の積とはならない．

2.3　スイッチ SW がオンのとき R に電流が流れ，R の電圧は電源電圧と等しくなる．オフのとき電流は流れないので，R の電圧は 0 V となる．その結果，入力電圧 e_1，出力電圧 e_2，電流 i の波形は**解図 2.1** のようになる．

第 3 章

3.1　消費される電力 P は，式 (3.8) を用いて求めることができ，次式となる．

$$P = \frac{1}{2\pi}\int_0^{2\pi} v(\theta)i(\theta)\,d\theta = \frac{1}{2\pi R}\int_0^{2\pi} (\sqrt{2}V_{eff}\sin\theta)^2\,d\theta = \frac{V_{eff}^2}{R}$$

3.2　R と ωL のインピーダンスおよび R と $3\omega L$ のインピーダンスを描くと，**解図 3.1** のようになる．

　したがって，それぞれ以下のようになる．

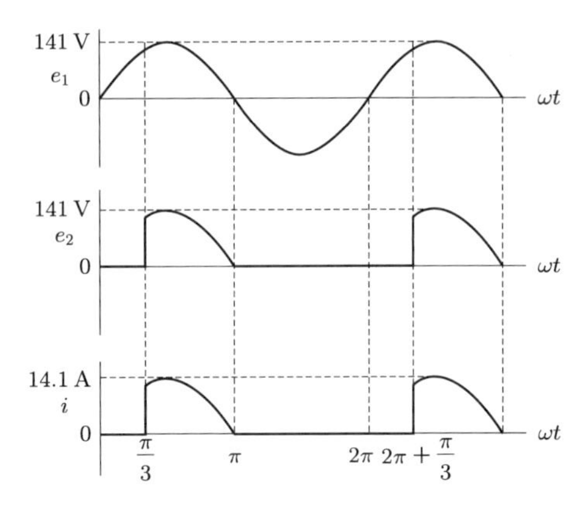

解図 2.1

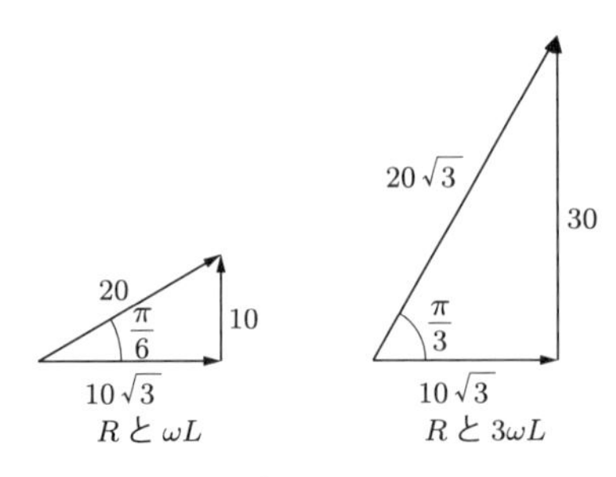

解図 3.1

$$
\begin{aligned}
\text{電流 } i &= \frac{30}{20}\sin\left(\omega t - \frac{\pi}{6}\right) + \frac{10}{20\sqrt{3}}\sin\left(3\omega t - \frac{\pi}{3}\right) \\
&= \frac{3}{2}\sin\left(\omega t - \frac{\pi}{6}\right) + \frac{1}{2\sqrt{3}}\sin\left(3\omega t - \frac{\pi}{3}\right)
\end{aligned}
$$

$$
\begin{aligned}
\text{有効電力 } P &= V_0 I_0 + \sum_{n=1}^{\infty} V_n I_n \cos\theta_n \\
&= \frac{30}{\sqrt{2}}\frac{3}{2\sqrt{2}}\cos\left(\frac{\pi}{6}\right) + \frac{10}{\sqrt{2}}\frac{1}{2\sqrt{3}\sqrt{2}}\cos\left(\frac{\pi}{3}\right) = 20.2\ \text{W}
\end{aligned}
$$

$$
\text{皮相電力 } S = V_{\mathit{eff}} I_{\mathit{eff}} = \sqrt{V_0^2 + \sum_{n=1}^{\infty} V_n^2}\sqrt{I_0^2 + \sum_{n=1}^{\infty} I_n^2} = 24.2\ \text{VA}
$$

$$
\text{総合力率 } PF = \frac{V_0 I_0 + \displaystyle\sum_{n=1}^{\infty} V_n I_n \cos\theta_n}{\sqrt{V_0^2 + \displaystyle\sum_{n=1}^{\infty} V_n^2}\sqrt{I_0^2 + \displaystyle\sum_{n=1}^{\infty} I_n^2}} = 0.84
$$

$$\text{電圧のひずみ率 } THD = \frac{\sqrt{V_{\mathit{eff}}^2 - V_1^2}}{V_1} = 0.33$$

$$\text{電流のひずみ率 } THD = \frac{\sqrt{I_{\mathit{eff}}^2 - I_1^2}}{I_1} = 0.19$$

第 4 章

4.1　表 4.1 参照

4.2　①逆阻止 3 端子サイリスタ，②アノード（陽極），カソード（陰極），ゲート，③ゲート，④持続する（流れ続ける），⑤逆電圧，⑥消滅する（流れなくなる），⑦ 2，⑧コレクタ，エミッタ，ベース，⑨ベース電流，⑩ 1，⑪ユニポーラ，⑫ドレイン，ソース，ゲート，⑬ゲート－ソース間の電圧，⑭ MOSFET，⑮バイポーラトランジスタ，⑯コレクタ，エミッタ，ゲート，⑰ゲート－エミッタ間の電圧

4.3　(1) 問図 4.1 (a) の回路方程式は次式となる．

$$E = V + RI$$

この式とダイオードの特性を連立して解くと，$V = 1$ V，$I = 4$ A が得られる．**解図 4.1** のように，回路方程式とダイオードの特性の交点の座標を求めてもよい．

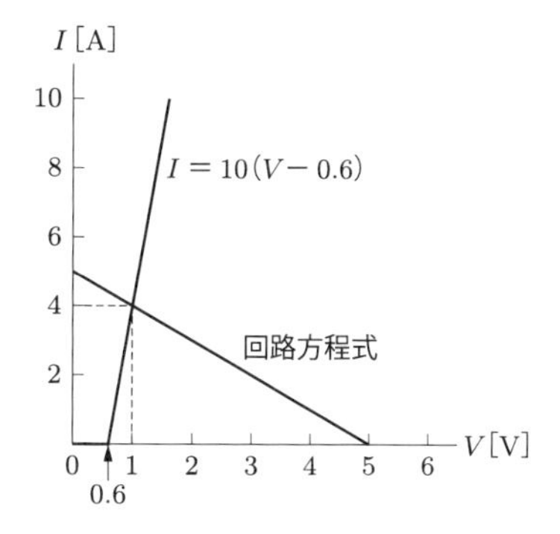

解図 4.1

(2) 解図 4.1 より，ダイオードの電圧降下が無視できる $V = 0$ V の理想状態では $I = 5$ A となる．

4.4　式 (4.4) に式 (4.3) を代入して求めると，次のようになる．

$$\begin{aligned}
\Delta W_{\mathit{off}} &= \int_0^{\Delta T_{\mathit{off}}} vi\,dt \\
&= -\frac{(E_{\mathit{off}} - E_{on})(I_{on} - I_{\mathit{off}})}{3}\Delta T_{\mathit{off}} \\
&\quad + \frac{(E_{\mathit{off}} - E_{on})I_{on} - (I_{on} - I_{\mathit{off}})E_{on}}{2}\Delta T_{\mathit{off}} + E_{on}I_{on}\Delta T_{\mathit{off}} \\
&= (E_{\mathit{off}}I_{on} + 2E_{\mathit{off}}I_{\mathit{off}} + 2E_{on}I_{on} + E_{on}I_{\mathit{off}})\frac{\Delta T_{\mathit{off}}}{6}
\end{aligned}$$

第 5 章

5.1　v 相電源に付いたヒューズが切れた場合，u 相電源と w 相電源の二つを考えればよい．D_1 と D_3 は陰極が共通になっているので，陽極電位の最も高いダイオードがオンする．D_4 と D_6 は陽極が共通になっているので，陰極電位の最も低いダイオードがオンする．その結果，出力電圧 v_o は**解図 5.1** のようになる．

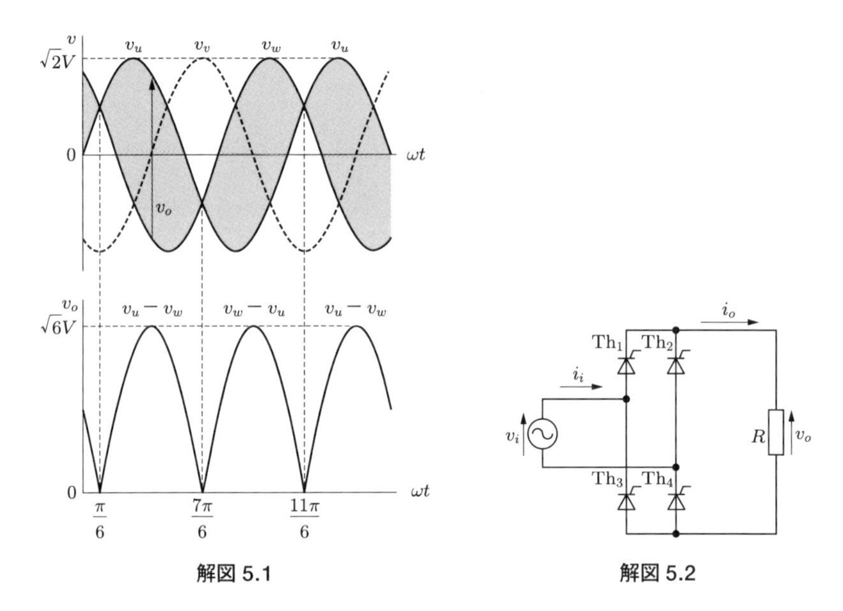

解図 5.1

解図 5.2

5.2　**解図 5.2** に示す単相全波サイリスタ整流回路において $\alpha = \pi/4$ とすれば，入力電圧 v_i，出力電圧 v_o が求められる．出力電流 i_o は，出力電圧を抵抗で割れば求められる．入力電流 i_i の波形は，向きを考慮することによって求められる．これらを**解図 5.3** に示す．

5.3　式 (5.16) に入力電圧の実効値と点弧角を代入して，出力電圧の平均値 $V_{ave} = 76.8$ V．出力電力 P は次式のように求められる．

$$P = \frac{2}{2\pi}\int_{\alpha}^{\pi} \frac{(\sqrt{2}V\sin\theta)^2}{R}\,d\theta = \frac{V^2}{2\pi R}(2\pi - 2\alpha + \sin 2\alpha) = 909\ \mathrm{W}$$

5.4　式 (5.16) をグラフにすると，**解図 5.4** のようになる．

5.5　$\alpha = \pi/9$ とすれば，入力電圧 v_i，抵抗の両端の出力電圧 v_o が求められる．抵抗に流れる出力電流 i_o は，出力電圧を抵抗で割れば求められる．u 相電源から流れる電流 i_u の波形は，向きを考慮することによって求められる．これらを**解図 5.5** に示す．ここで，$\pi/6 + \pi/9 = 5\pi/18$，$5\pi/6 + \pi/9 = 17\pi/18$，$\sqrt{2} \times \sqrt{3} \times 10 = 24.5$ の値を用いた．

5.6　式 (5.17) および式 (5.18) をグラフにすると，**解図 5.6** のようになる．

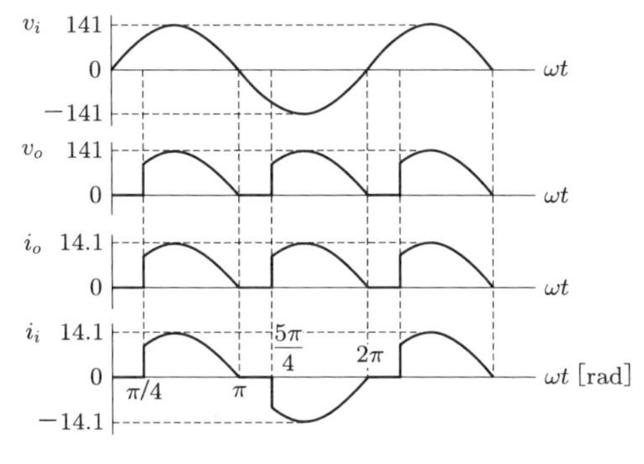

解図 5.3

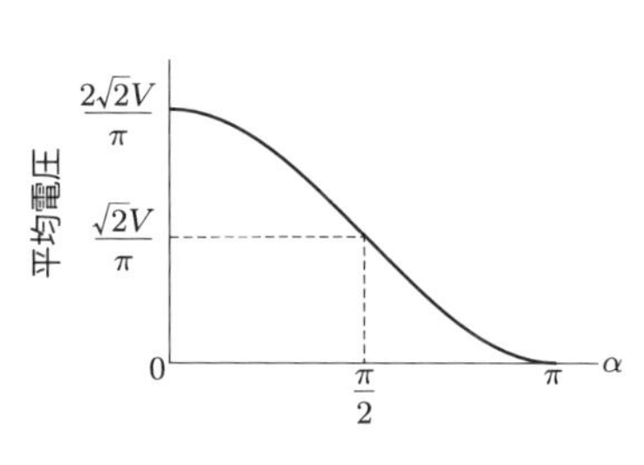

解図 5.4

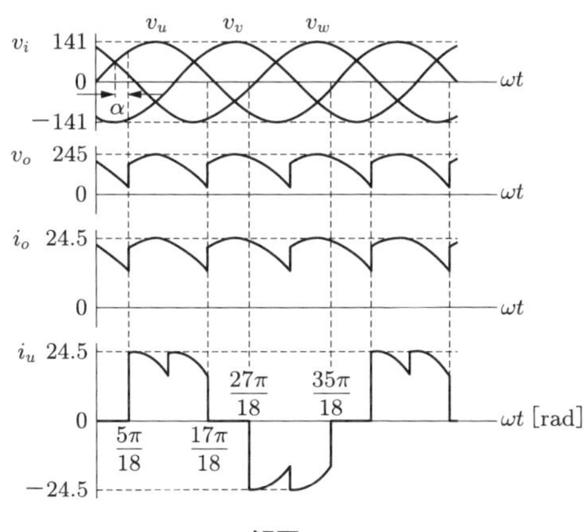

解図 5.5

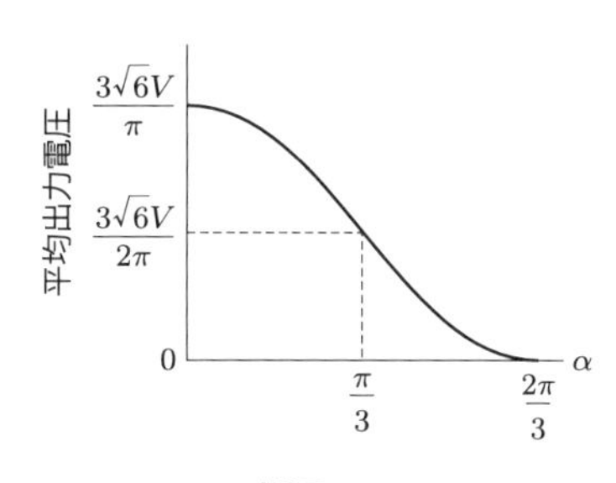

解図 5.6

第 6 章

6.1　式 (6.15) より $V_d = V_{ave} = (\sqrt{2}V/\pi)\{(1+\cos\alpha)/2\} = 33.8$ V，繰り返し周期ごとのインダクタの電圧の積分は 0 なので $V_L = 0$，L/R が大きいので i_L は一定値となり $I_L = V_{ave}/R = 1.69$ A，$I_d = (\pi+\alpha)I_L/2\pi = 1.13$ A，$I_{Th} = (\pi-\alpha)I_L/2\pi = 0.56$ A.

6.2　演習問題 6.1 と同様に，式 (6.16) より $V_d = V_{ave} = (2\sqrt{2}V/\pi)\cos\alpha = 45.0$ V，$V_L = 0$，$I_d = V_{ave}/R = 2.25$ A，$I_{Th} = (\pi/2\pi)I_d = 1.13$ A.

6.3　図 6.9 (b) の回路の波形を**解図 6.1** に示す．出力電圧波形は図 6.10 に示した波形，つまり図 6.9 (a) の回路の出力と同じだが，導通するサイリスタおよびダイオードは異なる．

- 期間①（$\alpha \leq \omega t < \pi$）：電源電圧 v の正の期間において点弧角 α で Th_1 を点弧すると，電流は電源 → Th_1 → L → R → D_4 → 電源の経路で流れる．
- 期間②（$\pi \leq \omega t < \pi+\alpha$）：電源電圧 v が負になったとき，インダクタンスのため電流は流れ続けようとする．このとき D_3 の電圧を考えると，(電源電圧 v) + (D_4 の電圧降下) となるので，正の電圧が加わっている状態である．順電圧が加わるので D_3

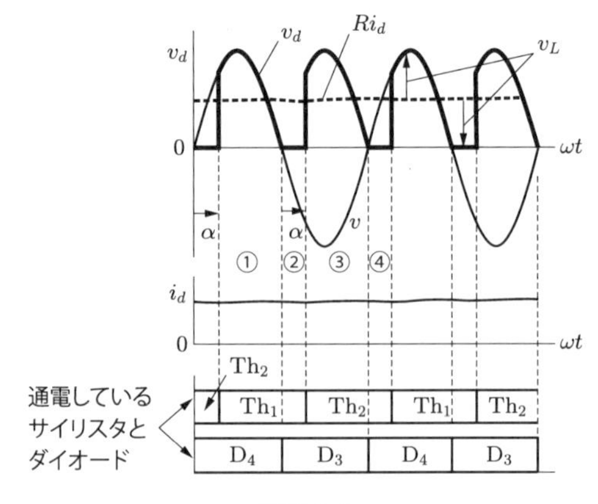

解図 6.1

がオンし，$\mathrm{D_4}$ には負である電源電圧 v が加わるのでオフして，$\mathrm{D_4}$ から $\mathrm{D_3}$ に転流が行われる．そして，電流は $\mathrm{Th_1} \to L \to R \to \mathrm{D_3} \to \mathrm{Th_1}$ の経路で流れる．

- 期間③（$\pi + \alpha \leq \omega t < 2\pi$）：$\mathrm{Th_2}$ には順電圧がかかっているので，点弧角 α で $\mathrm{Th_2}$ にゲート電流を流すと $\mathrm{Th_2}$ はオンする．$\mathrm{Th_2}$ がオンすると，$\mathrm{Th_1}$ には逆電圧が加わりオフしなければならず，$\mathrm{Th_1}$ から $\mathrm{Th_2}$ に転流が行われる．そして，電流は電源 $\to$ $\mathrm{Th_2} \to L \to R \to \mathrm{D_3} \to$ 電源の経路で流れる．
- 期間④（$2\pi \leq \omega t < 2\pi + \alpha$）：電源電圧が負から正に変わるときには，$\mathrm{D_3}$ から $\mathrm{D_4}$ に転流が行われる．そして，電流は $\mathrm{Th_2} \to L \to R \to \mathrm{D_4} \to \mathrm{Th_2}$ の経路で流れる．

第 7 章

7.1　解図 7.1 に示すように，C の電圧は $\omega t = \pi/2$ まで電源電圧と同じになり，その後 C からの放電がないので，一定値のままとなる．

7.2　パラメータ α を $\pi/2$ から徐々に小さくした値を式 (7.9) と式 (7.12) に代入すると，I_R と E_d の関係は解図 7.2 の実線のようになる．

7.3　α を与えて，式 (7.9) より E_d を求める．また，Excel などを用いて式 (7.16) を満足する β を求め，その β を式 (7.18) に代入して I_R を求めると，解図 7.2 の破線のようになる．

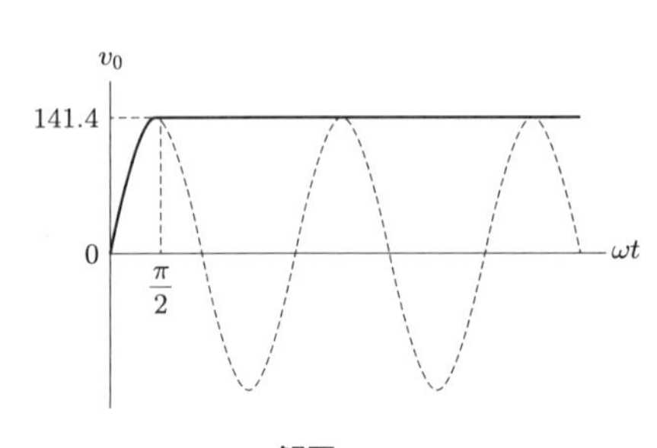

解図 7.1

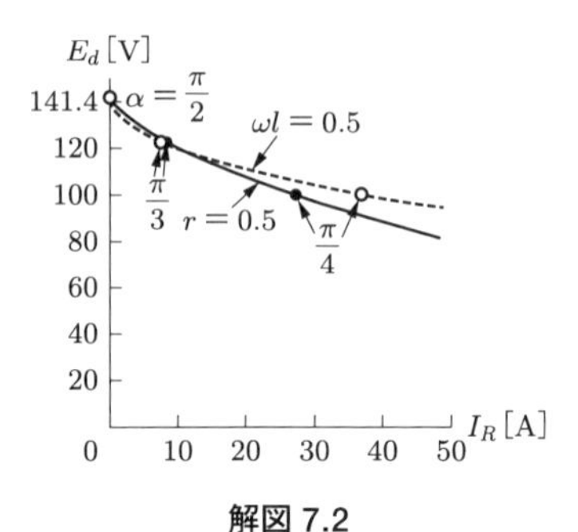

解図 7.2

第8章

8.1　三相全波整流回路において，抵抗負荷時のダイオードの導通状態は図 5.9 のようになる．u 相電源から流れる電流 i_u は，D_1 と D_4 が導通しているときのものであることを考慮すると**解図 8.1** のようになる．つまり，期間 $\pi/6 \leq \omega t < 5\pi/6$ では D_1 を通って流れ，期間 $7\pi/6 \leq \omega t < 11\pi/6$ では D_4 を通って流れる．i_v，i_w についても同様に描くことができる．

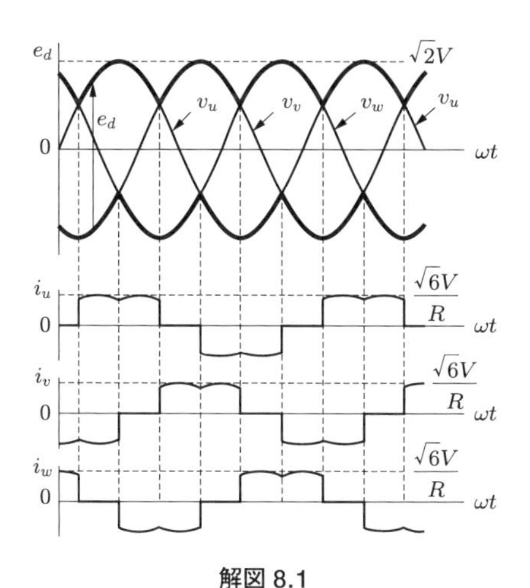

解図 8.1

8.2　式 (8.6)〜(8.10) より，実効値 1.63 A，基本波実効値 1.45 A，基本波力率 0.91，総合力率 0.81，ひずみ率 0.51 となる．

8.3　式 (8.30) の導出：問図 8.2 (a) の回路で，相電圧の交点から点弧角 α でサイリスタを点弧するとする．電流の重なりが生じる場合の電圧，電流波形を**解図 8.2** に示す．

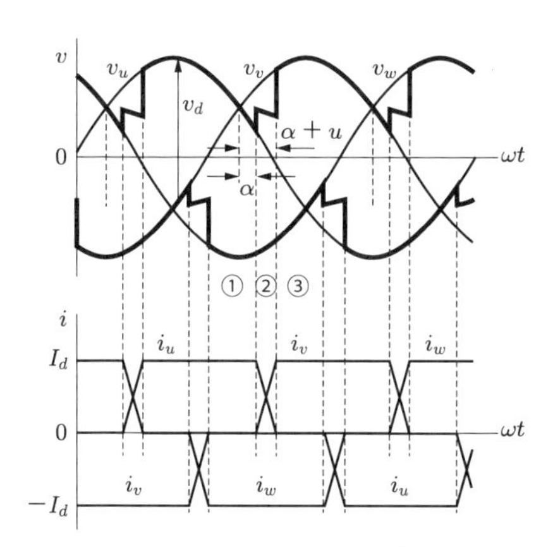

解図 8.2

電源側の漏れインダクタンス l が存在すると，インダクタにおける電流の不連続は許されないので，転流に時間がかかる．たとえば，Th_1 から Th_2 に転流するとき，Th_1 と Th_2 が同時に導通する期間②が図のように生じる．

$v_u \to l \to \mathrm{Th}_1 \to L \to R \to \mathrm{Th}_6 \to v_w$ の経路：

$$v_u - l\frac{di_u}{dt} - \left(v_w - l\frac{di_w}{dt}\right) = v_d \tag{B.2}$$

$v_v \to l \to \mathrm{Th}_2 \to L \to R \to \mathrm{Th}_6 \to v_w$ の経路：

$$v_v - l\frac{di_v}{dt} - \left(v_w - l\frac{di_w}{dt}\right) = v_d \tag{B.3}$$

式 (B.2) と式 (B.3) の和をとり，$i_u + i_v + i_w = 0$ を用いて整理すると，

$$v_d = \frac{v_u + v_v}{2} - v_w - \frac{3l}{2}\frac{d}{dt}(i_u + i_v)$$

となる．ここで，$i_u + i_v$ は負荷の R，L に流れる電流で，L/R が大きいときほぼ一定値となる．したがって，その時間微分は 0 となるので，式 (8.30) が得られる．

出力電圧の平均値の減少分 ΔE_d：電流の重なり期間②は電源 1 周期あたり 6 回あるので，ΔE_d は次式で求められる．

$$\Delta E_d = \frac{1}{2\pi/6}\int_{5\pi/6+\alpha}^{5\pi/6+\alpha+u}\left(v_v - \frac{v_u + v_v}{2}\right)d\theta$$

式 (B.2) と式 (B.3) を上式に代入すると，次のようになる．ここで，入力電源の角周波数を ω，負荷の電流を一定値 I_d としている．

$$\begin{aligned}\Delta E_d &= \frac{3\omega l}{2\pi}\int_{5\pi/6+\alpha}^{5\pi/6+\alpha+u}\frac{d}{d\theta}(i_v - i_u)\,d\theta \\ &= \frac{3\omega l}{2\pi}\left(\int_0^{I_d} di_v - \int_{I_d}^{0} di_u\right) = \frac{3\omega l}{\pi}I_d\end{aligned}$$

したがって，直流電圧 E_d は，直流電流 I_d の増加とともに，傾き $-3\omega l/\pi$ の 1 次関数として減少していく．

第 9 章

9.1　式 (9.17) より $\alpha = 0.25$ となる．また，スイッチング周波数 5 kHz の周期は $T = 0.2$ ms なので，オン期間 $T_{on} = 0.05$ ms，オフ期間 $T_{off} = 0.15$ ms となる．

9.2　式 (9.28) より $\alpha = 0.6$ となる．また，スイッチング周波数 5 kHz の周期は $T = 0.2$ ms なので，オン期間 $T_{on} = 0.12$ ms，オフ期間 $T_{off} = 0.08$ ms となる．

9.3　式 (9.17) と式 (9.28) より，**解図 9.1** のようになる．たとえば $\alpha = 0.5$ のとき，降圧形では $V_o = 50$ V，昇圧形では $V_o = 200$ V となる．

9.4　スイッチ SW がオンのとき，電流は $E \to L \to \mathrm{SW} \to E$ の経路と，$C \to R \to C$ の経路で流れる．またスイッチ SW がオフのとき，電流は $E \to L \to \mathrm{D} \to C$ と R の並列回路 $\to E$ の経路で流れる．したがって，スイッチ SW やダイオード D がオンのとき，それらを短絡して回路を描くと**解図 9.2** のようになる．

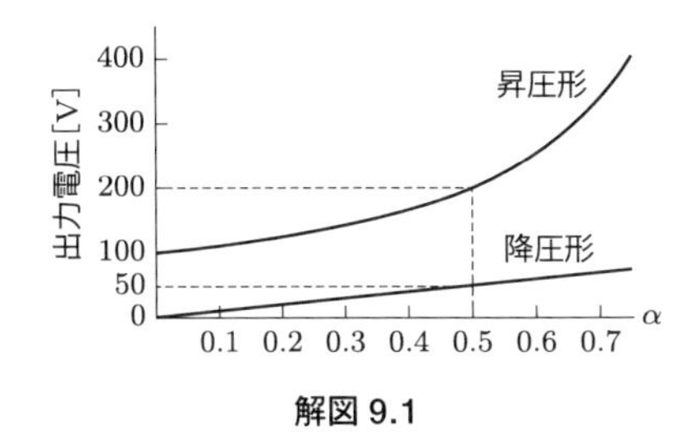

解図 9.1

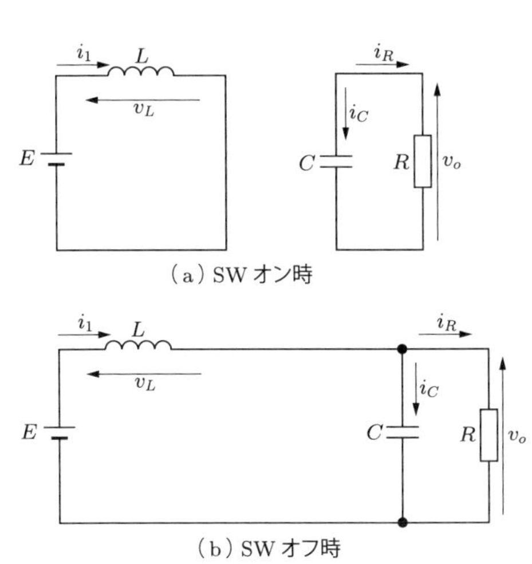

（a）SW オン時

（b）SW オフ時

解図 9.2

9.5　(1) 式 (9.21) より抵抗に流れる電流 $I_R = V_o/R = 1$ A，(2) 式 (9.28) より通流率 $\alpha = 1 - E/E_2 = 0.6$ であるので，式 (9.31) より入力電流 $I_1 = I_R/(1-\alpha) = 2.5$ A，(3) オン期間に L に蓄えられるエネルギー $\int_{T_{on}} v_L i_L \, dt = EI_1 T_{on} = 0.006$ J，(4) オフ期間に L に蓄えられるエネルギー $\int_{T_{off}} v_L i_L \, dt = (E - V_o) I_1 T_{off} = -0.006$ J（負なので 0.006 J の放出エネルギーである），(5) オン期間に C に蓄えられるエネルギー $\int_{T_{on}} v_o i_c \, dt = V_o(-V_o/R)T_{on} = -0.006$ J（負なので 0.006 J の放出エネルギーである），(6) オフ期間に C に蓄えられるエネルギー $\int_{T_{off}} v_o i_c \, dt = V_o(I_1 - V_o/R)T_{off} = 0.006$ J

第 10 章

10.1　式 (10.7) より $V_o = -(T_{on}/T_{off})E$ となる．ここで，$\alpha = T_{on}/(T_{on} + T_{off})$ なので $T_{off} = \{(1-\alpha)/\alpha\}T_{on}$ と表せて，式 (10.8) が得られる．

式 (10.10) より $I_R = -\{T_{off}/(T_{on} + T_{off})\}I_L$ となる．式 (10.11) を代入すると式 (10.12) が得られる．

10.2　式 (10.8) より $\alpha = 0.8$ となる．また，スイッチング周波数 5 kHz の周期は $T = 0.2$ ms なので，オン期間 $T_{on} = 0.16$ ms，オフ期間 $T_{off} = 0.04$ ms となる．

10.3　式 (10.8) より，**解図 10.1** のようになる．図において，$0 \leq \alpha < 0.5$ のとき降圧し，$\alpha > 0.5$ のとき昇圧する．ただし，出力電圧の極性は入力電圧とは逆である．

10.4　スイッチ SW がオンのとき，電流は $E \to \mathrm{SW} \to L \to E$ の経路と，$C \to R \to C$ の経路で流れる．またスイッチ SW がオフのとき，電流は $L \to C$ と R の並列回路 $\to$ D $\to L$ の経路で流れる．したがって，スイッチ SW やダイオード D がオンのとき，それらを短絡して回路を描くと**解図 10.2** のようになる．

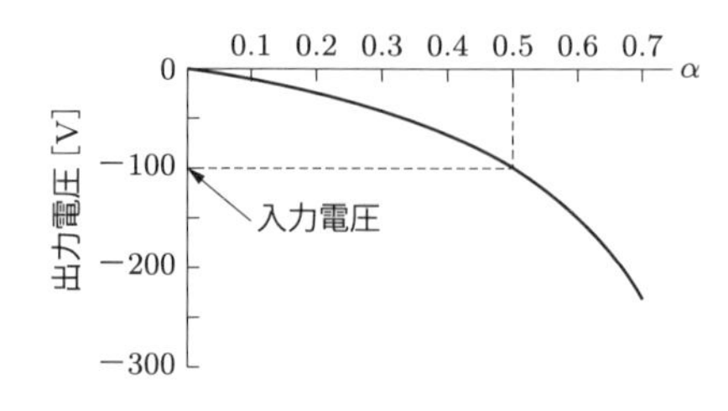

解図 10.1

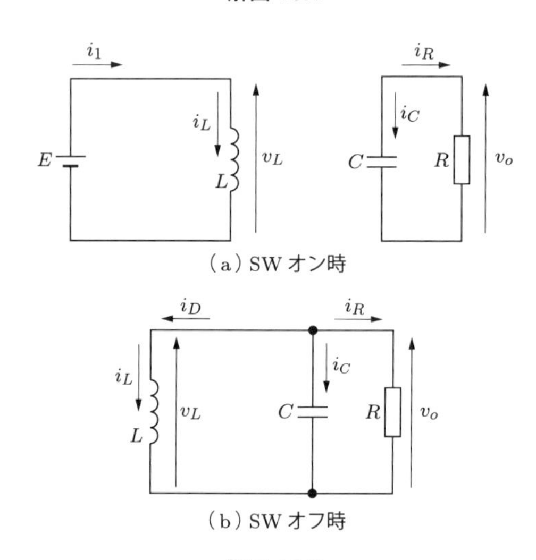

（a）SW オン時

（b）SW オフ時

解図 10.2

10.5　10.3 節で説明したように，スイッチ SW がオンのとき，電流は $E \to L \to \mathrm{SW} \to E$ の経路と，$C \to R \to C$ の経路で流れるので $i_{SW} = i_1$．またスイッチ SW がオフのとき，電流は $E \to L \to \mathrm{D} \to C$ と R の並列回路 $\to E$ の経路で流れるので $i_{SW} = 0$．したがって，**解図 10.3** のようになる．

10.6　(1) 式 (10.2) より抵抗に流れる電流 $I_R = E_2/R = -10$ A，(2) 式 (10.8) より通流率 $\alpha = V_o/(V_o - E) = 0.667$ であるので，式 (10.11) と式 (10.12) よりインダクタの電流 $I_L = -I_R/(1-\alpha) = 30$ A，(3) オン期間に L に蓄えられるエネルギー $\int_{T_{on}} v_L i_L \, dt = E I_L T_{on} = 0.4$ J，(4) オフ期間に L に蓄えられるエネルギー $\int_{T_{off}} v_L i_L \, dt = V_o I_L T_{off} = -0.4$ J（負なので 0.4 J の放出エネルギーである），(5) オン期間に C に蓄えられる

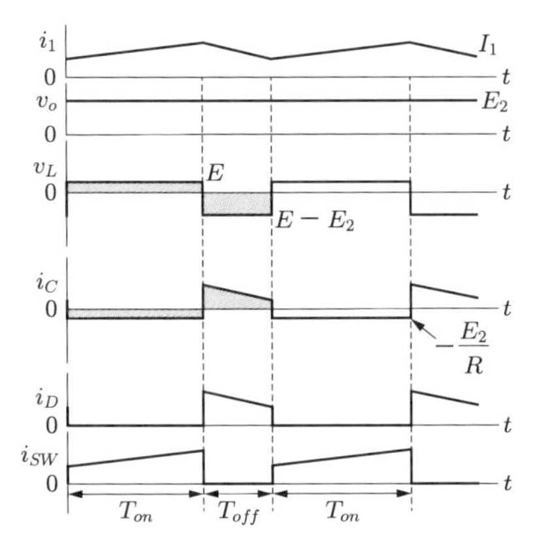

解図 10.3

エネルギー $\int_{T_{on}} v_o i_c\,dt = V_o(-V_o/R)T_{on} = -0.267$ J（負なので 0.267 J の放出エネルギーである），(6) オフ期間に C に蓄えられるエネルギー $\int_{T_{off}} v_o i_c\,dt = V_o(-I_L - V_o/R)T_{off} = 0.267$ J

第 11 章

11.1　式 (11.1) の解は，入力のパルス電圧の大きさを E とすると，式 (B.4) を解いて得られる過渡解と式 (B.5) を解いて得られる定常解の和で表される．

$$L\frac{di_1}{dt} + Ri_1 = 0 \tag{B.4}$$

$$Ri_2 = E \tag{B.5}$$

過渡解は

$$i_1 = Ae^{-(R/L)t}$$

となり，定常解は

$$i_2 = E/R$$

となるので，一般解は次式となる．

$$i = i_1 + i_2 = \frac{E}{R} + Ae^{-(R/L)t}$$

初期条件 $i(0) = -I_0$ を代入すると次式が得られる．

$$i = \frac{E}{R} - \left(I_0 + \frac{E}{R}\right)e^{-(R/L)t} \tag{B.6}$$

さらに，$i(T/2) = I_0$ となるので，I_0 は次式で表せる．

$$I_0 = \frac{E}{R}\frac{1 - e^{-(RT/2L)}}{1 + e^{-(RT/2L)}} \tag{B.7}$$

式 (B.6) に式 (B.7) を代入すると，式 (11.2) が得られる．電流が E/R の状態で入力電圧を E から $-E$ に切り換えた場合も同様に解くと，式 (11.3) が得られる．

11.2　周波数 $f = 1/T$ とする．図 11.3 の v について，式 (3.4)，(3.5) を用いて方形波電圧をフーリエ級数で表すと次式となる．

$$v = \sqrt{2}\frac{2\sqrt{2}E}{\pi}\left(\sin\omega t + \frac{1}{3}\sin 3\omega t + \frac{1}{5}\sin 5\omega t + \cdots\right)$$

また，$\omega_0 = 2\pi f_0 = 1/\sqrt{LC}$ とすると，角周波数 $n\omega_0$ のインピーダンス $\dot{Z}_n$ は次式となる．

$$\dot{Z}_n = R + jn\omega_0 L + \frac{1}{jn\omega_0 C} = R + j\omega_0 L\left(n - \frac{1}{n}\right)$$

$n = 1$ のとき：$\dot{Z}_1 = R$

$n = 3, 5, 7, \ldots$ のとき：

$$\dot{Z}_n = R\left\{1 + j\frac{\omega_0 L}{R}\left(n - \frac{1}{n}\right)\right\} \approx j\infty$$

ここで $n = 3, 5, 7, \ldots$ のときは $\omega_0 L/R \gg 0$ を利用した．したがって，高調波電流は無視でき，電流は基本波電圧の $1/R$ の正弦波となる．

11.3　たとえば $0 < \theta < \pi/3$ の期間では Tr_1，Tr_3，Tr_5 がオンしているので，そのときの等価回路は**解図 11.1** (a) のようになり，合成抵抗 R' は次のようになる．

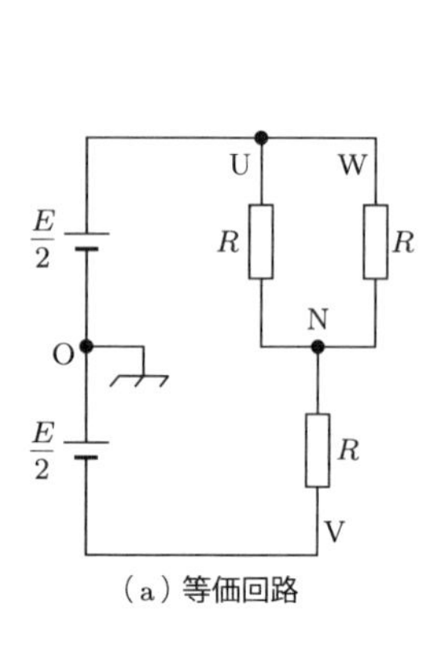

（a）等価回路

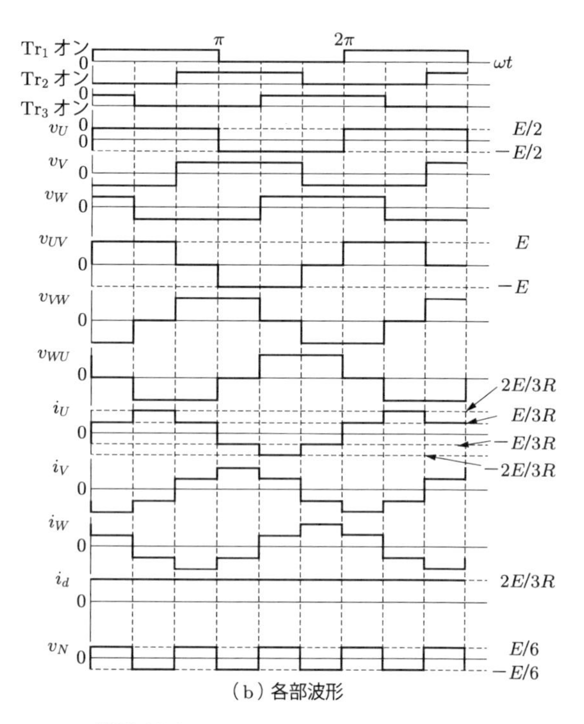

（b）各部波形

解図 11.1

$$R' = \frac{R}{2} + R = \frac{3}{2}R$$

各部の電流と v_N を求めると

$$i_V = -\frac{E}{R'} = -\frac{2E}{3R}, \qquad i_U = i_W = \frac{E}{3R}, \qquad i_d = \frac{2E}{3R}$$

$$v_N = \frac{E}{2} - R\frac{E}{3R} = \frac{E}{6}$$

となる．ほかの期間も同様に求めると，各部の波形は解図 11.1 (b) のようになる．

11.4　解図 11.1 (b) に示された各部の波形を用いて，線間電圧波形の実効値と電流波形の実効値は，次のようになる．

$$V_{\mathit{eff}} = \sqrt{\frac{1}{2\pi}\int_0^{2\pi} v_{uv}^2(\theta)\,d\theta} = \sqrt{\frac{2}{3}}E$$

$$I_{\mathit{eff}} = \sqrt{\frac{1}{2\pi}\int_0^{2\pi} i_u^2(\theta)\,d\theta} = \frac{\sqrt{2}E}{3R}$$

電源の実効値を用いて，R 全体の消費電力は

$$P_o = 3RI_{\mathit{eff}}^2 = 3R\left(\frac{\sqrt{2}E}{3R}\right)^2 = \frac{2E^2}{3R}$$

となり，解図 11.1 の i_d を用いて，入力電力は

$$P_{in} = Ei_d = E\frac{2E}{3R} = \frac{2E^2}{3R}$$

となる．トランジスタとダイオードの損失はないので，当然 $P_{in} = P_o$ となる．

第 12 章

12.1　**解図 12.1** に示すように，オン時の波形を $\omega t = \pi/2$ において対称となるように少し遅らせた場合について考える．ここで，

$$\theta_\tau = \omega\tau, \qquad \theta_A = \frac{\pi - \theta_\tau}{2}$$

とする．このように扱うと，高調波成分は変化しないが，次に示すように，式 (3.5) の a_n を 0 にすることができる．

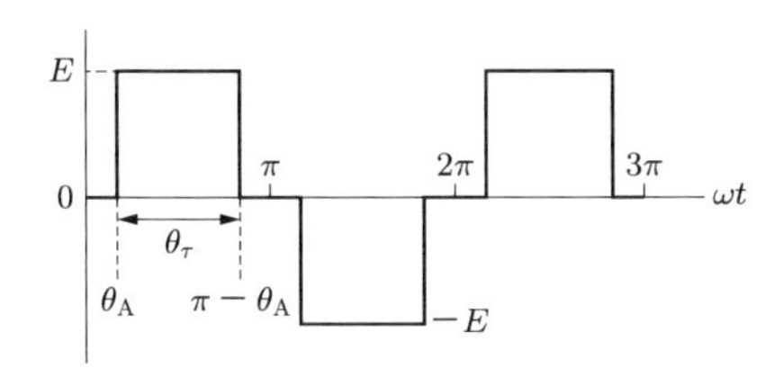

解図 12.1

$$a_0 = \frac{1}{2\pi}\int_0^{2\pi} v(\theta)\,d\theta = \frac{1}{2\pi}\left\{\int_{\theta_A}^{\pi-\theta_A} E\,d\theta + \int_{\pi+\theta_A}^{2\pi-\theta_A} (-E)\,d\theta\right\} = 0$$

$$a_n = \frac{1}{\pi}\int_0^{2\pi} v(\theta)\cos n\theta\,d\theta$$
$$= \frac{1}{\pi}\left\{\int_{\theta_A}^{\pi-\theta_A} E\cos n\theta\,d\theta + \int_{\pi+\theta_A}^{2\pi-\theta_A} (-E)\cos n\theta\,d\theta\right\} = 0$$

$$b_n = \frac{1}{\pi}\int_0^{2\pi} v(\theta)\sin n\theta\,d\theta$$
$$= \frac{1}{\pi}\left\{\int_{\theta_A}^{\pi-\theta_A} E\sin n\theta\,d\theta + \int_{\pi+\theta_A}^{2\pi-\theta_A} (-E)\sin n\theta\,d\theta\right\}$$
$$= \frac{2E}{n\pi}(1-\cos n\pi)\cos n\theta_A$$

$n = 2m$（$m = 1, 2, \ldots$）のとき：$b_n = \dfrac{2E}{2m\pi}(1-\cos 2m\pi)\cos 2m\theta_A = 0$

$n = 4m+1$（$m = 0, 1, \ldots$）のとき：$b_n = \dfrac{4E}{(4m+1)\pi}\sin\left(\dfrac{4m+1}{2}\theta_\tau\right)$

$n = 4m+3$（$m = 0, 1, \ldots$）のとき：$b_n = -\dfrac{4E}{(4m+3)\pi}\sin\left(\dfrac{4m+3}{2}\theta_\tau\right)$

したがって，解図 12.1 の波形には奇数次の 3 次，5 次，...の高調波成分が含まれることがわかる．

12.2　(1) 式 (3.4) より，電圧 $v(\theta)$ のフーリエ級数表示を次式とする．

$$v(\theta) = a_0 + \sum_{n=1}^{\infty}(a_n\cos n\theta + b_n\sin n\theta) \tag{B.8}$$

基本波周期が半分（$\theta = \pi$）ずれた波形は次式で表せる．

$$v(\theta+\pi) = a_0 + \sum_{n=1}^{\infty}\{a_n\cos n(\theta+\pi) + b_n\sin n(\theta+\pi)\}$$

$n = 2m$（$m = 1, 2, \ldots$）のとき：

$$a_n\cos n(\theta+\pi) + b_n\sin n(\theta+\pi) = a_{2m}\cos 2m\theta + b_{2m}\sin 2m\theta \tag{B.9}$$

半波対称性 $v(\theta) = -v(\theta+\pi)$ が成立するためには，式 (B.8) と式 (B.9) より

$$a_0 = 0, \qquad a_{2m} = 0, \qquad b_{2m} = 0$$

となる必要がある．つまり，直流成分および基本波の偶数倍の高調波成分は 0 となる．

(2) u 相の電圧を

$$v_u(\theta) = a_0 + \sum_{n=1}^{\infty}(a_n\cos n\theta + b_n\sin n\theta)$$

で表すと，v 相の電圧は，u 相より $2\pi/3$ ずれているので

$$v_v(\theta) = v_u\left(\theta - \frac{2\pi}{3}\right)$$

となる．$n = 3m$（$m = 1, 2, \ldots$）のときの uv 間の線間電圧は次式となる．

$$\begin{aligned} v_u(\theta) - v_v(\theta) &= \sum_{m=1}^{\infty} \left\{ a_{3m} \cos 3m\theta - a_{3m} \cos 3m\left(\theta - \frac{2\pi}{3}\right) \right. \\ &\qquad \left. + b_{3m} \sin 3m\theta - b_{3m} \sin 3m\left(\theta - \frac{2\pi}{3}\right) \right\} \\ &= \sum_{m=1}^{\infty} (a_{3m} \cos 3m\theta - a_{3m} \cos 3m\theta \\ &\qquad + b_{3m} \sin 3m\theta - b_{3m} \sin 3m\theta) = 0 \end{aligned}$$

同様に，$n = 3m$（$m = 1, 2, \ldots$）のときの vw 間の線間電圧，wu 間の線間電圧も 0 となる．

12.3　デッドタイム t_d は $t_d > t_{off} - t_{on}$ なので，2 μs より長くする必要がある．

第 13 章

13.1　出力電圧の実効値は，式 (13.2) を用いて**解図 13.1** (a) のようになる．また，電力は v^2/R と表せるので，出力電力は解図 13.1 (b) のようになる．点弧角が増加すると，出力電圧および出力電力は減少する．たとえば $\alpha = \pi/2$ のときは，$\alpha = 0$ のときの値と比べて，電圧は $1/\sqrt{2}$，電力は $1/2$ になる．

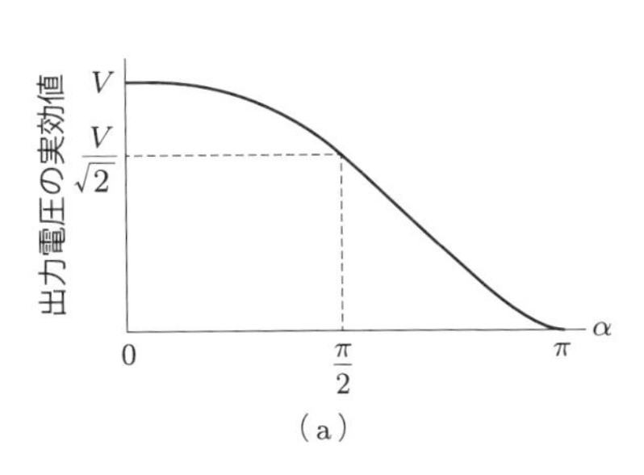

(a)

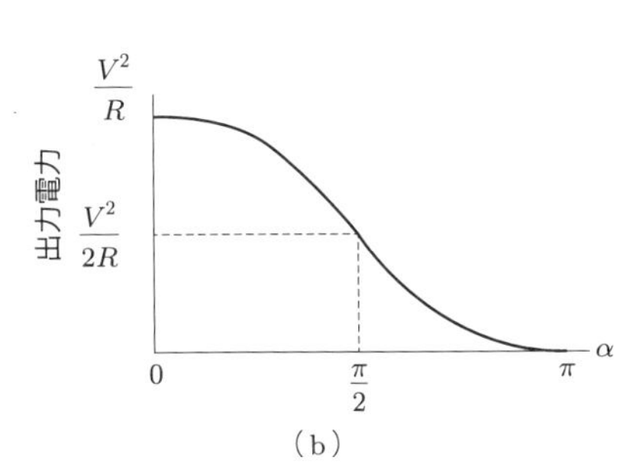

(b)

解図 13.1

13.2　フーリエ級数の式 (3.5) に式 (13.7) と式 (13.8) を代入すると，

$$\begin{aligned} a_1 &= \frac{1}{\pi}\left\{ \int_{-\pi+\alpha}^{\pi-\alpha} i_{ob}(\omega t) \cos \omega t \, d(\omega t) + \int_{\alpha}^{2\pi-\alpha} i_{oa}(\omega t) \cos \omega t \, d(\omega t) \right\} \\ &= \frac{\sqrt{2}V}{\pi\omega L}\left\{ \int_{-\pi+\alpha}^{\pi-\alpha} (-\cos \omega t - \cos \alpha) \cos \omega t \, d(\omega t) \right. \\ &\qquad \left. + \int_{\alpha}^{2\pi-\alpha} (-\cos \omega t + \cos \alpha) \cos \omega t \, d(\omega t) \right\} \\ &= -\frac{\sqrt{2}V}{\omega L} \frac{2\pi - 2\alpha + \sin 2\alpha}{\pi} \end{aligned}$$

となる．これは負の値であるが，ωt のゼロ点を図 13.3 (b) の π の位置にとれば，式 (13.12) のように正の値となる．

13.3　式 (13.13) で示される可変インダクタ $L(\alpha)/L$ をグラフにすると，**解図 13.2** のようになる．

付録

A.1　(1) 式 (A.1) より出力電流 $I_o = V_Z/R = 0.1$ A，式 (A.2) より入力電流 $I_1 = (E - V_Z)/R_1 = 0.2$ A，式 (A.6) より入力電力 $P_{in} = EI_1 = 1.6$ W，式 (A.6) より出力電力 $P_o = V_Z^2/R = 0.5$ W，R_1 の損失 $R_1 I_1^2 = 0.6$ W，V_Z の損失 $V_Z(I_1 - I_o) = 0.5$ W，効率 $\eta = P_o/P_{in} = 0.31 = 31\%$ となる．

(2) 式 (A.2) より入力電流 $I_1 = (E - V_Z)/R_1 = 0.2$ A，式 (A.4) より抵抗の範囲は $R > \{V_Z/(E - V_Z)\}R_1 = 25\ \Omega$，式 (A.3) より出力電流の範囲は $I_o < 0.2$ A となる．下限となる $R = 25\ \Omega$，$I_o = 0.2$ A の場合を考えると，式 (A.6) より入力電力 $P_{in} = EI_1 = 1.6$ W，式 (A.6) より出力電力 $P_o = V_Z^2/R = 1.0$ W，R_1 の損失 $R_1 I_1^2 = 0.6$ W，V_Z の損失 $V_Z(I_1 - I_o) = 0$ W，効率 $\eta = P_o/P_{in} = 0.625 = 62.5\%$ となる．

A.2　式 (A.7) より出力電流 $I_o = V_o/R = 2.5$ A，式 (A.8) より入力電力 $P_{in} = EI_o = EV_o/R = 17.5$ W，式 (A.9) より出力電力 $P_o = V_o^2/R = 12.5$ W，3 端子レギュレータの損失 $P_{in} - P_o = 5.0$ W，式 (A.10) より効率 $\eta = V_o/E = 0.71 = 71\%$ となる．

A.3　式 (A.12) より $E = V_{CE} + RI_C$．これを式 (A.13) に代入すると，

$$P_{in} = EI_C = -\frac{E}{R}V_{CE} + \frac{E^2}{R}, \qquad P_o = RI_C^2 = \frac{1}{R}(V_{CE} - E)^2$$

$$P_{loss} = V_{CE}I_C = -\frac{V_{CE}^2}{R} + \frac{E}{R}V_{CE}$$

となる．これらの式をグラフにすると**解図 A.1** のようになる．図より，P_{loss} は最大点 $V_{CE} = E/2$，$P_{loss} = E^2/4R$ となることがわかる．

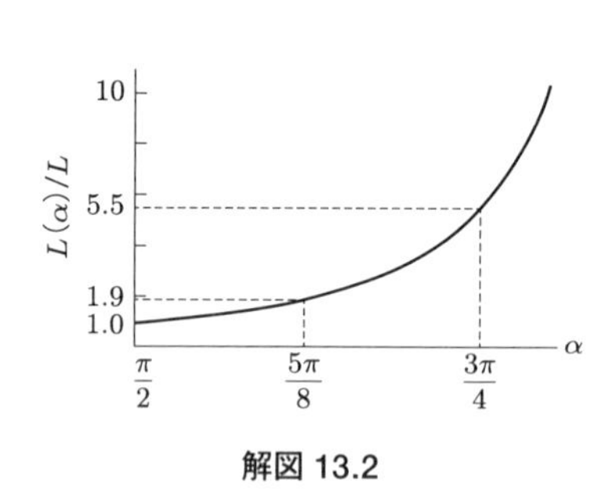

解図 13.2

解図 A.1

索　引

著者略歴
石川赴夫（いしかわ・たけお）
1979 年　埼玉大学理工学部電気工学科卒業
1983 年　東京工業大学大学院理工学研究科博士後期課程修了
　　　　同年，群馬大学工学部助手
1991 年　同大学助教授
2001 年　同大学教授
2021 年　同大学名誉教授
　　　　現在に至る
　　　　工学博士

エッセンシャルテキスト パワーエレクトロニクス

2023 年 11 月 30 日　第 1 版第 1 刷発行

著者　　石川赴夫

編集担当　福島崇史（森北出版）
編集責任　富井晃・宮地亮介（森北出版）
組版　　プレイン
印刷　　丸井工文社
製本　　　同

発行者　森北博巳
発行所　森北出版株式会社
〒102-0071　東京都千代田区富士見 1-4-11
03-3265-8342（営業・宣伝マネジメント部）
https://www.morikita.co.jp/

Printed in Japan
ISBN 978-4-627-77071-3

MEMO

MEMO

MEMO

MEMO